U0042019

Metadata
後設資料

精準搜尋、一找就中，數據就是資產！
活用「描述資料的資料」，加強資訊的連結和透通

傑福瑞·彭蒙藍茲（Jeffrey Pomerantz）著
戴至中　譯

經營管理 172

Metadata 後設資料：

精準搜尋、一找就中，數據就是資產！活用「描述資料的資料」，加強資訊的連結和透通

作　　　　者 —— 傑福瑞・彭蒙藍茲（Jeffrey Pomerantz）
譯　　　　者 —— 戴至中
封 面 設 計 —— 黃維君
內 文 排 版 —— 薛美惠
責 任 編 輯 —— 文及元
行 銷 業 務 —— 劉順眾、顏宏紋、李君宜

總　編　輯 —— 林博華
發　行　人 —— 涂玉雲
出　　　版 —— 經濟新潮社
　　　　　　　104 台北市民生東路二段 141 號 5 樓
　　　　　　　電話：(02)2500-7696 傳真：(02)2500-1955
　　　　　　　經濟新潮社部落格：http://ecocite.pixnet.net

發　　　行 —— 英屬蓋曼群島商家庭傳媒股份有限公司城邦分公司
　　　　　　　台北市中山區民生東路二段 141 號 11 樓
　　　　　　　客服服務專線：02-25007718；25007719
　　　　　　　24 小時傳真專線：02-25001990；25001991
　　　　　　　服務時間：週一至週五上午 09:30-12:00；下午 13:30-17:00
　　　　　　　畫撥帳號：19863813；戶名：書虫股份有限公司
　　　　　　　讀者服務信箱：service@readingclub.com.tw

香港發行所 —— 城邦 (香港) 出版集團有限公司
　　　　　　　香港灣仔駱克道 193 號東超商業中心 1 樓
　　　　　　　電話：25086231 傳真：25789337
　　　　　　　E-mail: hkcite@biznetvigator.com

馬新發行所 —— 城邦 (馬新) 出版集團 Cite(M) Sdn. Bhd. (458372 U)
　　　　　　　41, Jalan Radin Anum, Bandar Baru Sri Petaling,
　　　　　　　57000 Kuala Lumpur, Malaysia.
　　　　　　　電話：(603) 90578822 傳真：(603) 90576622
　　　　　　　E-mail: cite@cite.com.my

印　　　刷 —— 漾格科技股份有限公司
初版一刷 —— 2021 年 11 月 9 日
ISBN：9786269507719、9786269507733（EPUB）　　版權所有・翻印必究

定價：420 元　　　　　Printed in Taiwan

活用後設資料，加強資訊的連結和透通

文／食夢黑貘（洪進吉）

哪些人最該讀這本書：

1. 圖書館相關人士
2. 資料庫管理師
3. 資料科學家／資料工程師
4. 搜尋引擎最佳化（Search Engine Optimization，SEO）專家
5. 對開放資料（Open Data）有興趣的人

　　一千年前，教育尚未普及，也沒有印刷術，當時創作資訊的人，是最有價值的人。但是，隨著第一家報社的創

立，能夠創作的人愈來愈多，傳遞資訊的人，反而成為最有權力的人。

到了網路時代，資訊傳遞的成本愈來愈低，資訊的創作、儲存、傳遞，已經不是問題，能夠找到使用者想要的資訊是最困難的，最後搜尋引擎或是提供閱讀索引的公司無庸置疑的成為市值最高的公司。

從創作、傳播、搜尋，到真正的解讀使用中，還有一個很重要的環節，就是串接這些資訊。只是這些串接起來的因子，不單單是內容而已，有時更重要的是「超乎內容」（Beyond Content），像是創作者的資訊、使用者的觀點、市場的價值、搜尋的情境等等在內容之外的訊息。這些並不是內容本身，但價值不比內容低的就是「後設資料」。

後設資料雖然是當網路成熟後變成顯學，但事實上，當知識被創作、被記錄開始，去蒐集、使用這資料就是很重要的事，這件事情就是圖書館在做的事。所以有人說，圖書館是歷史最悠久的資訊，因為當資訊還去分門別類時，最需要的就是「如何找到資訊」。

事實上，任何人不可能走進圖書館，把所有的資料與內容讀完一遍，從中找到資訊，這時就要靠後設資料。其中目前大家還在用的「索書號」，就是一種不是屬於書本

的內容，但若沒有索書號，我們就無法找書、借書、看書。因此，說這些後設資料可能比內容更重要、更實用，一點也不為過。

當然，過了幾百年，現在的後設資料發展已經不像在前網路時期的「出版品預行編目」（Cataloging in Publication，CIP）記載的那麼簡單，更別說當時的分類法對於數位典藏而言已經失去意義。所有的資訊都是網狀連結而不是階層分散，甚至這些後設資料也是模糊並且隨時改變，也會隨著使用者觀點的改變和使用情境而變化。

到了現在，後設資料已經無所不在了，就像是相片中的「可交換圖檔格式」（Exchangeable image file format，Exif），記載著時間、地點之外，還有拍攝時使用的相機、鏡頭、光圈和快門等資訊。雖然這些資訊並不是真正產生影像的資料，但若沒有這些資訊，就很難找資料。現在任何相片整理軟體或服務，都會加註人物、文字、包含影像辨識後的物品內容，這讓使用照片和搜尋照片更方便、更快速。

從這個角度來看，後設資料不只是和內容有關的作者、時間，這些在創作出來就被局限的資訊，更包含使用者的使用權限、方式、統計等等資訊，而這個資訊可以說

是隨時變化，甚至資料量說不定會比內容多很多倍。

相反地，在資料量非常龐大的大數據（Big Data）中的後設資料，也是有很重要的應用，因為大數據強調的不只是大量資料，而是更快速地從中獲得有用的資料。而要整理出資訊的方法除了內容整理之外，也是要靠後設資料的協助。

就像本書所說，不需要去探討每一通電話的通話內容，而是可以透過通話時間、對象、地點等等通話內容以外的資訊，就可以整理出有價值的資訊。透過內容的後設資料，不只能用「降冪」的方式讓資料大量縮簡為可處理、可整理的有價值資訊，並且可以知道，想去應用或使用資料，需要的不只是資料本身，更需要的是後設資料。

說到大量資料，沒有比網站或網頁更龐大的資訊，網站的資料量目前大到只能用搜尋引擎處理。但若沒有像是 Schma.org 推動的後設資料，搜尋出來的只是一個個網頁，讀者還是要逐一閱讀網頁，才能從中找出想要的資料。雖然這樣已經讓尋找資料的使用者更方便找到要的資料，但透過後設資料，更可定義出結構化的資訊，找資料時可以知這個資訊的概觀（Outline），甚至可以直接 Zero Click 在搜尋結果頁（Search Engine Result Page）獲得答案。

這樣的資訊連結靠的不只是後設資料，而是後設資料的開放性與連結性，就像是後設資料的結構化，靠的就是對資料定義上的公開標準，用固定的格式描述，讓所有的資訊都可以連結在一起。甚至透過這樣的連結，讓資訊的透通（Transparent；編按：使用者直接使用資訊所展現的功能，不必了解轉換碼、系統內部結構、資料間連結和組成架構，或是如何建立這些功能）更快速、更可以溯源，讓資訊的新增和更新觸及更廣，再加上與 應用程式介面（Application Programming Interface，API）的結合，內容資料已經和後設資料無法切割，甚至沒有後設資料的資料，是很難被應用的。

　　在人工智慧發展之後，後設資料從結構化資料就像影像辨識出人物那樣更接近內容，透過語意網路的解讀，已經可以摘出內容的重點與摘要。此時，這種更貼近內容的後設資料，更能識別出內容的價值和使用情境。這種接近內容又能配合讀者情境的，有時就像是一個圖書館的讀者諮詢服務那樣，更像在電影《人工智慧》（*A.I. Artificial Intelligence*）中的萬事通博士（Dr. Know）那樣，可以回答任何問題，此時的後設資料，已將問題和答案緊密相連。

　　這本書是否實用，可能只有一小部分是有價值的，因

為後設資料更是屬於還在發展蓬勃的時代，尤其是 Schema 和 Google 推動的富數據（Rich-Data；編按：意指涵蓋眾多面向的大數據。以襯衫為例，如果得到的是各種襯衫的顏色的巨量資料，這是大數據；若得到的是各種襯衫的尺寸、材質、顏色等等多面向的巨量資料，就是富數據）、知識圖譜（Knowledge Graph；編按：意指連接所有不同種類的訊息而得到的一個關係網絡，提供從關係的角度分析問題的能力，有利於優化搜尋引擎返回的結果，並增強使用者搜尋體驗），隨時增加應用範圍和更新使用情境與呈現。

的確，資訊的價值在於再利用，而創作、傳遞、搜尋還不夠，更需要的是「連結」，要去把資訊給連結起來，是很不容易的事情，甚至這個連結的技術、成本、觀念，大家都還不是很了解。這包含本書最後章節提到的應用程式介面（Application Programming Interface，API），而 API 需要的不只是「網路化」、「數位化」而已，也要將資料「結構化」。更重要的是資訊的連結，也就是資訊的透通，因為資訊的流動最需要的就是對於資料使用的後設資料，如果沒有這些後設資料，所有的資訊都要透過人力，此時資訊使用的成本就很高了。

所以身為圖書館相關人士、資料庫管理師、資料科學

家／資料工程師、SEO 專家、對 Open Data 有興趣的你，
怎能夠不夠了解後設資料呢？

本文作者為全端資料科學家（full stack data scientist）、新文易
數全端工程師兼創辦人、網路產業與新聞網站顧問

目次

編按：metadata 中文譯名包括元資料、後設資料、詮釋資料……各方譯名不一，本書譯為「後設資料」，特此說明。

關於麻省理工學院出版社通識書系

　　麻省理工學院出版社（MIT Press）通識書系，每一本都是簡潔易懂、製作精美的袖珍書，內容則是針對當前的熱門題目所製作。作者皆由該領域首屈一指的思想家執筆，具有專家級的綜述，主題從文化、歷史，到科學和技術。

　　在現今資訊立即滿足的年代中，意見、辯解與膚淺的描述唾手可得。要獲得基礎知識來對世界產生原則性的了解則難上許多。這個基本知識的叢書，就是在填補這個需求。靠著為非專業人士綜合專門的題材，並透過基本原理來闡述至關重要的題目，這些精巧的叢書各自為讀者提供了複雜觀念的切入點。

布魯斯‧提多（Bruce Tidor）

麻省理工學院生物工程暨電腦科學教授

前言

　　本書多是誕生自 2013 年秋天和再次於 2014 年春天，我在 Coursera 為北卡羅來納大學教堂山分校（University of North Carolina at Chapel Hill）所教授的**大規模開放線上課程**（Massive Open Online Courses，MOOCs），名為「後設資料：組織與探索資訊」（Metadata: Organizing and Discovering Information）。線上教學和學習絕非什麼新觀念，但 MOOCs 對這種授課形式投以了大量的關注，在學院內外皆然。當 MOOCs 在 2011 年登上新聞時，我在線上已教課多年，但 MOOCs 的全盤規模引起了我的關注。我思考假如全為線上課程，資訊科學中的教學和學習或許會長得像怎樣。我當時相信，至今還是，在任何的資訊科學課程中，第一堂課都該是後設資料課：學門中的其他一切幾乎都是仰賴後設資料，而且該主題會牽引出學門中大部分的課題。所以當卡羅來納州決定開啟 MOOCs 的創舉

時，我非常興奮有機會開設後設資料課程，以驗證我的觀念。

我非常高興的是，後設資料的大規模開放線上課程（Massive Open Online Courses，MOOCs；另譯為磨課師）備受好評。我同樣高興的是，這門課使後設資料受到了麻省理工學院出版社的編輯所關注，是值得涵蓋在基本知識系列裡的題目。所以我首先必須感謝，瑪吉·艾弗瑞（Margy Avery）率先建議了本書的構想。

我也必須感謝，北卡羅來納大學教堂山分校在一開始就開啟 MOOCs 的創舉，並在製作過程期間支援我們 MOOCs 的教員。我還必須表達衷心感謝的是，我在 MOOCs 中的助教梅瑞迪絲·路易斯（Meredith Lewis）。

我要謝謝近五萬位報名上課的學生……尤其是在二期中都實際參與課堂的 17,464 位學生。

我為 MOOCs 錄了好幾次訪談，對象都在用後設資料做有趣與新穎的事。這為課堂提供了（希望）有用的補充材料，免得學生必須一直看著我。我在做這些訪談時學到了很多，這也無可避免使它寫進了本書裡。所以讓我來謝謝受訪者：蓋提研究所（Getty Research Institute）的穆莎·巴卡（Murtha Baca）、加州大學柏克萊分校

（University of California at Berkeley）資訊學院兼任正教授羅伯特‧格魯什科（Robert Glushko）、潘朵拉（Pandora）的音樂分析師史提夫‧霍根（Steve Hogan）、紅色風暴娛樂（Red Storm Entertainment）的資料分析師杭特‧詹斯（Hunter Janes）、網路資訊聯盟（Coalition for Networked Information）的主任柯利弗德‧林奇（Clifford Lynch），以及網際網路檔案庫（Internet Archive）的傑森‧史考特（Jason Scott）。

　　MOOCs 的訪談進行得十分順利，於是我決定多做一些，特別是為了本書。感謝蓋提圖像（Getty Images）的瑪莉‧弗斯特（Mary Forster）、喬爾‧史坦普瑞斯（Joel Steinpreis）和喬爾‧桑默林（Joel Summerlin）在圖像的後設資料上引人入勝的與談。

　　再次感謝柯利弗德‧林奇，引發了我對於撥號記錄器的關注，以及在研究「後設資料」這個字詞的歷史時，為我指引了對的方向。

　　感謝 713 錄音室（Studio 713）的泰德‧強森（Ted Johnson），幫助了我了解音樂的後設資料。

　　感謝傑薩明‧韋斯特（Jessamyn West），幫助了我找到目錄卡的圖像。

第一章
後設資料概要

後設資料就在我們身邊，一直都是。在電子化無所不在的當今年代中，你所用的裝置幾乎樣樣都依賴後設資料或加以產出，或是都有。可是當後設資料運行良好時，它就會遁入背景、不受注意，並且幾乎隱於無形。後設資料在 2013 年夏天成為暴紅的事件，有部分就是肇因於此。

2013 年 5 月時，美國國家安全局（National Security Agency，NSA）的外包人員愛德華・史諾登（Edward Snowden），飛到香港與《衛報》（*The Guardian*）的記者見面。史諾登在那裡交出了為數眾多的機密文件，是關於國安局在美國境內的監視計畫。其中一件計畫稜鏡（PRISM）包括直接從電信公司蒐集電話通聯資料。不用說，當《衛報》把報導刊登出來時，這是非常大的新聞。

對於史諾登的爆料，美國媒體的反應各異而且變化很顯著。當下的反應是火大的國安局在蒐集美國公民的資

料。當情勢變得明朗，國安局只是在蒐集通聯的後設資料，而不是通聯本身時，風波很快平息。換句話說，國安局並沒有在從事竊聽。隨著媒體進一步探討，從後設資料中究竟「只」能推論出多少的個資，此後便是眾說紛紜。

2013 年末，史丹福法學院網際網路與社會中心（Stanford Law School Center for Internet and Society）的研究人員做了 metaphone 的研究，企圖複製國安局在電話後設資料上所蒐集的資料。他們所發現到的是，從後設資料中「只」能推論出的資訊量著實驚人。後設電話的研究人員所通報的一個例子是，研究參與者打給了「居家改裝店、鎖匠、水耕業者和麻藥品店」。這位個人撥打這一切通聯的理由容或是全然無辜，這些通聯容或是毫不相干……但這卻不是大部分的人很可能會形成的推論。

很多後設資料都是跟電話通聯相關，尤其是手機的通聯。通聯最顯而易見的後設資料片段，有八成就是撥打者和接聽者的電話號碼。接下來，當然就有通聯的時間和長度。而對於撥打自智慧型手機的通聯，大部分都有 GPS 的功能，則會有撥打者和接聽者的位置，而精確度至少是達到電話所位在手機基地台的範圍內。手機通聯所具有的相關後設資料比這要多，但連這麼小量也足以使隱私的倡

導者裹足不前。因為連沒在通聯時，你的電話也會跟當地的基地台交換資料。而且你的電話當然想必是由你帶在身上。因此，你在任何既定時刻的位置記錄和你的逐時移動或許就會遭到手機服務業者所蒐集……而且事實上就是在蒐集，如同史諾登的爆料所揭露。

於是後設資料這個字詞就進到了公眾談話中。只不過，有鑑於後設資料有多遍布，關於它的公眾談話八成都嫌遲了；它理應更為人所了解才是。在電腦運算無所不在的現行年代中，後設資料變成了基礎結構，有如電力網或公路系統。這些片段的現代基礎結構不可或缺，但也只是冰山一角：例如當你按下電燈開關時，你就是一組龐大科技與方針的終端使用者。個別來說，這些科技與方針或許無足輕重，而且或許看似微不足道……但加總起來卻帶有深遠的文化與經濟意涵。後設資料的道理相同。後設資料有如電力網和公路系統，會遁入日常生活的背景，而理所當然被視為就是使現代生活運轉順暢的一環。

身為現代世界的公民，對於電力網和公路系統以及其他許多片段的現代基礎結構，我們全都熟知，並有合理（雖然八成是不完整）的了解。但除非你是資訊科學家，或者是在國安局服務的情報分析師，否則八成不會對後設

資料等同視之。

　　所以我們就要來切入本書的目的。本書會向各位介紹後設資料這個題目，以及後設資料所觸及範圍廣泛的題目與課題。我們會討論後設資料是什麼，以及它為什麼存在。針對不同的使用者和使用案例，我們會檢視諸多不同類型的後設資料。我們會談到一些把現代的後設資料化為可能的科技，並推測後設資料的未來。而來到書的結尾，各位便會在四處都看到後設資料。

　　它就是後設資料的世界，而各位正活在其中。

隱形的後設資料

　　當你從本地書店的架上拿起本書時，你就在使用後設資料了。本書是什麼吸引了你，而使你把它拿起來？題名、出版者、封面圖樣？不管是什麼，幾乎肯定不會是書本身的內容。當然，既然你正在閱讀本文，你就會有一些關於本書內容的資訊，但在把它拿起來前，你並沒有這些資訊。你必須依賴其他的線索，其他關於書的資訊片段。其他這些資訊片段就是後設資料：關於本書的資料。

　　當後設資料運行良好時，它會遁入背景，幾乎是來到

隱於無形的地步。對於看到書有題名、出版者和封面圖樣，你習慣到八成甚至不會留意到本書也有這些東西。假如本書沒有題名、出版者或封面圖樣，你八成才會留意到。對於書的後設資料是買書環境的一環，我們受制約到甚至不會想到它。對於很多事物的後設資料是日常環境的一環，我們受制約到甚至不會想到它。它是何以致此？

後設資料簡史

後設資料這個字詞於 1968 年出現在英語中，但後設資料的觀念可回溯到第一所圖書館。這個字詞刻意借用了亞里斯多德的《形上學》（*Metaphysics*）。雖然亞里斯多德從未以此名來稱呼那些特有的作品，但它們在歷史上都是以這樣的名稱收藏在一起，以指它們所接續或論及的題目是超越了《物理學》（*Physics*）。類似的是，後設資料這個字詞是指超越資料的事：關於資料的一筆或多筆敘述。在語言學上，這是希臘文字首後設（meta-）的寬鬆翻譯，但與已成日常用詞的「後設」一致，是指抽象度更高的事。

雖然後設資料這個字詞只有幾十年之久，但圖書館員已對後設資料著墨了數千年。只不過，我們現在所謂的

「後設資料」在歷史上都叫做「圖書館目錄資訊」。圖書館目錄資訊意在解決非常特定的問題：幫助圖書館的使用者在圖書館的藏書中查找材料。

歷史學家所認定的第一部圖書館目錄《卷錄》（*Pinakes*）是由卡利馬科斯（Callimachus）為亞歷山大圖書館（Library of Alexandria）所編寫，大約是在西元前 245 年。一、兩千年下來，《卷錄》只留下了斷簡殘編，但所知的如下：作品是依照體裁、題名和作者名來排列，連同每位作者的一些傳記資訊。另外則包括了摘要，以及作品的總行數。往前快轉二千多年，我們仍把許多相同的資訊片段運用在圖書館目錄中：作者、主題、推介、長度。

不過，我們現在運用在圖書館目錄中的資訊片段比卡利馬科斯要多。作品的**索書號**（call number）無所不在：根據某種體系（例如杜威〔Dewey〕十進制），以編號或其他字母數字串來讓圖書館的使用者覓得架上的作品。索書號對龐大的藏書尤其至關重要，因為使用者必須在藏書占用相應龐大的實體空間裡遊走，以查找個別的項目。難以想像的是，卡利馬科斯如何能擬出《卷錄》，卻沒有把索書號也發明出來，因為亞歷山大圖書館據說涵蓋了五十萬部作品，連以現代的標準來看，都是頗為龐大的藏書。

《卷錄》是一組卷軸。假如你曾在猶太會堂誦讀過《妥拉》(Torah；譯注：猶太教的聖典)，你就知道卷軸並不是對使用者最友善的介面：在各副之間移動是個挑戰。確切來說，猶太曆中有整個假日（歡慶妥拉節〔Simchat Torah〕）是在慶祝誦讀《妥拉》來到了結尾，並把整副東西捲回開頭。假如你從來沒誦讀過《妥拉》，就想想使用其他有如卷軸的科技：卡式錄音帶或 VHS 錄影帶。確切來說，拜託我們「懇請倒帶」的貼紙，以往在出租的 VHS 錄影帶上就很常見了。總之，從好不好用的立場來說，《卷錄》可不能等閒視之。

手抄本就是現代所稱的**書**，在許多方面都是比卷軸要強的使用者介面。於是無可避免的是，手抄本一發明出來，就受到了採用來當成圖書館目錄。以書為形式的圖書館目錄常常就是所謂的**書架清單**，正是它所聽起來的樣子：書架上的書單，常是依照館方購入的順序。這樣的順序使新條目容易增添，在末尾把它寫上去就好，但當你想要在清單上查找個別項目時，它對使用者仍不是非常友善。

大約在法國大革命的時候，法國所發明的卡片目錄使圖書館目錄有了長足的進步。這項創新把書架清單加以細分，使增刪條目以及查找個別項目的條目變得簡單。卷軸

或手抄本一旦完成，就無法輕易編輯，但如果要在卡片目錄上增添條目，你所必須做的，就是把新卡片插進正確的地方。

卡片目錄把圖書館目錄加以細分，靠的是把各筆紀錄、書的各筆條目變成可以獨立操控的個別物件。不過，把題名、作者名等等各筆紀錄內的資料片段加以細分，則要一路回推到《卷錄》。即使目錄卡上的個別資料片段沒有標註為題名、作者等等，也可了解到各資料片段是代表什麼類目。於是目錄卡就是沿著二個面向來細分：個別項目的紀錄，以及所有的項目共用的資料類目。

以此沿著二個面向來細分，我們就會得到資料庫和後設資料的現代取向。當你把資料集拆解為紀錄，使各筆紀錄代表個別的項目，而且紀錄裡包含了資料的類目，各類目則是跨項目共用，你就形同發明了試算表。

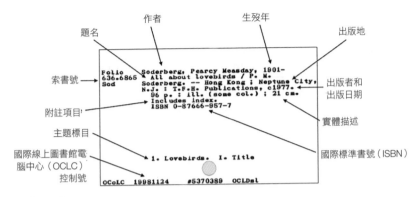

【圖1】

　　想像一下試算表：各列是單一物件的紀錄，各欄是那些物件的單一特性。現在想像一下，試算表裡包含了關於書的資料。欄的標頭會是什麼？題名、作者、出版者、出版日期、出版地、主題、索書號、頁數、格式、尺寸，你說了算。然後各列會是單一書籍的紀錄，包含該特定書籍所有這些的資料片段。這樣的試算表就能當成圖書館目錄。

【表1】

書名	作者	出版日期	主題	索書號	頁數
《智慧財產策略》	帕佛瑞，約翰·	2012	智慧財產——管理	HD53 .P35 2012	172
《開放存取》	薩伯，彼得	2012	開放存取出版	Z286.O63 S83 2012	242
《數位文化的迷因》	史富曼，利莫·	2014	社會演化、迷因、文化擴散、網際網路——社會層面、迷因論。	HM626 .S55 2014	200

後設資料即地圖

可是當你有了物件本身時，為什麼還要儲存關於物件的資料？

科學家兼哲學家柯日布斯基（Alfred Korzybski）最為人記得的容或是他的引語，「地圖非疆域」（引語屢遭誤植為麥克魯漢〔Herbert Marshall McLuhan；譯注：現代傳播理論的奠基者〕）。這句引語受到分析和評論了近百年，在科學和藝術上都是（包括出自麥克魯漢）。柯日布斯基率先在關於語言的論文中寫下了這句話，並且就是本節所要討

論的語言。

柯日布斯基表示，語言即地圖。我們在把世界的驚人複雜性分解為簡單許多的形式時，所靠的手段就是語言。事物的字詞並非事物本身：從任何有意義的方面來說，傑福瑞這個名字都不是我，但在某些條件下，它代表了我。語言容許人類去了解世上的事物，即使這番了解只是這些事物的簡化代表。

地圖有很多種：道路圖、地形圖、海圖、星圖；清單有一大串。不同種的地圖具備不同的功能，而且不可替換：在規劃開車旅程時，海圖近乎無用。那所有這些名為「地圖」的不同東西有什麼共通之處？只有這點：把實體世界的豐富性與複雜性歸結成人在特有的局面下所需要的僅存細節。你在開車時，需要知道什麼路是通往哪裡和怎麼交叉，哪些道路是單向，以及要怎麼開上公路，而八成不需要地形資訊或回聲測深。地圖非疆域是因為，地圖既是與疆域分開的物件又簡單得多。

類似的是，後設資料即地圖。後設資料是把物件的複雜性以較簡單的形式來代表的手段。小說《白鯨記》（*Moby Dick*）的作者是赫曼・梅爾維爾（Herman Melville），講的是捕鯨，初版日期是 1851 年。這非常粗淺代表了一本冗

長而複雜的書。但假如你有心這麼做，它八成就足以使你能覓得一冊。

後設資料即地圖。後設資料是把物件的複雜性以較簡單的形式來代表的手段。

整屋的書並非就是圖書館。為了在圖書館裡找到特定的書，你不會光是到處走就希望一眼認出它來。這點要可行，連小型圖書館的資訊空間也嫌太大。圖書館反倒是利用比喻式的地圖，也就是：目錄。目錄是在為圖書館的使用者提供材料在圖書館藏書中的簡化代表。在目錄內，圖書館的使用者會找到所要特定項目的紀錄。接著目錄紀錄為使用者提供的則是至關重要的後設資料片段，也就是索書號。索書號對應了資訊空間在圖書館中的位置，使用者便能從紀錄移往紀錄所描述的實際物件。

當你有了物件本身時，為什麼還要儲存關於物件的資料？因為要是關於物件的資料不包含在空間裡，任何十足複雜的空間就會擺脫不了混亂。連物件包含在空間裡時，假如你想要以及時的方式再次找到它，也需要它的後設資料。假如你曾經在自家的屋子搞丟過鑰匙，你就會了解到，連單一片段的後設資料也能多有用。

metadata 是地圖。
metadata 可以讓複雜
事物，化為較為簡單的
形式。

後設資料不只用於圖書館

圖書館員投身於描述事物超過二千年，無可避免會頗有心得。對於要怎麼有效描述事物，圖書館學的學科為其餘的世人帶來了許多見解。

多半是拜圖書館員鑽研出描述的原則所賜，現在任何人都有可能把這些原則應用在所需描述的任何事物上。再者，等到資料庫發明出來，使儲存結構化資料變得可能，任何人要以電子化的方式來創造和維護後設資料也變得可能了。

圖書館固然是電腦和資料庫科技的早期採用者，但絕非唯一的採用者。在微型電腦發展出來前，圖書館的後設資料是儲存在專門和特製的典藏處，好比說書架清單和卡片目錄。微型電腦發展出來後，圖書館的後設資料在儲存上所使用的科技便與其他每個人所用的相同。

隨著資料庫問世，要創造和儲存任何事物的結構化資料都變得可能，而不光是資源在圖書館藏書裡的描述性後設資料。當然，尤其是企業和政府所蒐集和儲存的結構化資料向來都不只是為了描述性的目的：損益分類帳、庫存、稅務文件、人口普查之類都有紙本、甚至是更早的科

技存在了數千年。但這些從來不被視為後設資料；這些純粹是企業、政府和其他的組織所產出的文件，並且使日常營運成了可能。不過，隨著這些營運逐漸用電腦來執行，不僅是從關於它的文件來參照物件變得可能（你當然可以用紙本文件、甚或是楔形文泥板來做），提供實際的鏈結到檔案系統中的該物件也變得可能。隨著網路深植到現代生活中，這項功能也深植到現代生活中，而這有多徹底改變了文件的管理方式，則是一言難盡。

形形色色的後設資料

對於後設資料是日常環境的一環，各位受制約到甚至不會想到它。地圖、標誌、儀表板、網路搜尋、自動提款機、雜貨店、電話通聯，清單可以無窮無盡。對於這一切事物是如何營運，以及各位是如何與它互動，主軸就在於後設資料。應付銀行系統或電話網的整個複雜性會讓大部分的人生厭。與現代生活的複雜系統互動必須靠系統與我們之間的簡化介面，而這道介面通常就要依賴後設資料。

關係到資訊系統時，這點尤其為真。在網路問世前，假如你對比方說赫曼・梅爾維爾（Herman Melville）的

生平感興趣——我聽說他在捕鯨船上航行過，那是真的嗎？——你就需要擁有一冊此人的傳記，或是從圖書館借。相同的說法可以套用在幾乎是任何的資訊物件上。不過時至今日，資訊物件靠網路搜尋就行了。而且上網路搜尋所獲得的資訊物件會比你想要的還多。搜索「赫曼·梅爾維爾傳記」會得到數十萬筆的結果，比我一輩子所能處理的還多。

資訊科學的術語對此的措詞是**資源探索**。或許就如各位所預期，資源探索是把與我的資訊需求或為相關的資訊資源加以識別出來的過程——在這個案例中就是赫曼·梅爾維爾的生平資訊。

只不過，相關（relevance；編按：在圖書資訊學和資訊檢索領域，是指檢索者檢索問句所得到的檢索結果，符合檢索者資訊需求的程度）的觀念難以捉摸，因為它高度主觀：與你相關的是什麼，什麼資訊會滿足你的資訊需求，不見得跟與我相關的是什麼相同，即使我們所表述的問題類似。例如我感興趣的或許是，知道梅爾維爾有沒有在捕鯨船上航行過；而你感興趣的或許是，他有沒有任何子嗣還活著，但我們或許都會上網路搜尋「赫曼·梅爾維爾傳記」。特定的資訊資源是否相關是主觀的心證判斷，因此只有在個人

處理完該資訊資源後才能形成。

　　不過普遍來說，後設資料並不是用來掌握對資源的主觀詮釋，好比說相關度，而是在掌握資源的客觀特徵，好比說描述；資源探索所依賴的良好後設資料就像是這樣。假如你要去圖書館查找赫曼・梅爾維爾的傳記，搜尋成功（假定當地的圖書館存在這樣的書）所仰賴的紀錄為，一項或多項資源的主題欄裡含有「赫曼・梅爾維爾」的文字，並加以指出書屬於傳記。套用地圖的比喻；也就是目錄中所包含資訊物件的簡化代表必須包括的資料是，有助於你去探索或許會使你發現為相關的資源。

　　這類的後設資料就是所謂的描述性後設資料（descriptive metadata）。這正是它所聽起來的樣子：為物件提供描述的後設資料。到目前為止，描述性後設資料是本書所討論過唯一的後設資料類型，但它並非唯一的類型。事實上，後設資料有好幾類。管理性後設資料（administrative metadata）所提供的資訊是物件的起源和維護：例如照片或許是用特定類型的掃描機以特有的解析度數位化，而且或許有一些相關的版權限定。結構性後設資料（structural metadata）所提供的資訊是，物件是如何組織：例如書是由章組成，章是由頁組成，而且那些章頁必

須以特有的順序湊在一起。典藏性後設資料（preservation metadata）是在提供必要的資訊來支援保存物件的過程：例如為了與數位檔互動，或許有必要模擬特定的應用程式和作業系統環境。結構性後設資料和保存性後設資料有時都被視為管理性後設資料的次類目，因為在管理物件時，物件結構的資料和要怎麼保存它都屬必要。最後，使用性後設資料（use metadata）所提供的資訊則是，物件是如何受到使用：例如電子書的出版者或許會追蹤下載次數、下載日期，以及使用者在下載它時的設定檔資料。

隨著本書推進，對所有這些形態的後設資料會探討得更深入。但首先要定義的是，在本書通篇的其餘部分都會使用到的稱謂。

第二章
定義後設資料

　　資訊科學就像是任何的學科，有它的一套術語措詞。
「後設資料」這個字詞就是其中之一，只不過在過去幾年
來，它在使用上逐漸變得更為常見。像本書這樣來調查後
設資料，無可避免也意謂著會碰到其他的術語措詞。在本
章裡，我們會探討這些措詞，並盡可能把它們定義到最好。

　　後設資料最常見和容或最沒有用的定義，就是「關於
資料的資料」。這個定義好記有餘，不過卻全然籠統。首
先，資料是什麼？其次，「關於」意謂著什麼？

我們在資料中失去的資訊

　　我們在一開始，會試著來了解資料是什麼。不幸的
是，這是在跳進池子的深水區：**資料**是含糊到不行的概
念，連把整個職涯奉獻在這個現象上的資訊科學家，也不

是向來都所見略同。

艾略特（T. S. Eliot）的詩〈磐石〉（*The Rock*）是資訊科學家的最愛，就在於以下這二句話：

我們在知識中失去的智慧何在？

我們在資訊中失去的知識何在？

艾略特似乎假設出一個層級：智慧、知識和資訊，可欲性則是依序遞減。資訊科學家往往不會對資訊感到這麼負面，但我們的確常使用這種相同的層級，只不過是在資訊底下加上了**資料**。這種資料、資訊、知識、智慧的層級被引用來解釋資訊性的程度，或是資訊在人類認知範疇中的階段。根據這樣的看法，資料是原料：儀器或機器所蒐集到的東西。例如火星探測車（Mars Rover）傳送到地球的位元流是資料。射頻在你的電話跟當地的基地台之間所承載的信號是資料。接下來，資訊是把資料處理成或可為人類所用的形式：例如把那道位元流轉換為圖像，或是把那則信號轉化成聲音。不過這會有難處：對於某事是不是資訊會有的哲學辯論是，它是否只要有告知某人的**潛在性**，或者它是否必須**實際**告知某人（假如樹倒在森林裡而

附近沒人，這算不算產出資訊？）但我們在此會把這個課題忽略掉，並請讀者參考本書〈延伸閱讀〉其中一些文章就在探討這個課題。知識是你所知道的事，也就是經過自己內化的資訊；智慧則是知道要用那樣的知識來做什麼。

資料是材料。它原始、未經處理，甚至可能沒人用手摸過，沒人正眼看過，沒人費心思考過。我們不習慣以這種方式來思考資訊物件；我們習慣思考成資訊物件的東西，是像書或電腦裡的檔案，是人類刻意創造的東西，而且人類的了解是創造時不可或缺的一環。不過，來想想火星探測車傳送到地球的位元流，或是盧紹錫德語（Lushootseed；譯注：美國華盛頓州原住民的語言）的書（或其他某種你不會說或讀的語言……假如你實際上真的懂盧紹錫德語，那就抱歉了）。你或許知道位元流或盧紹錫德語的書有某種意義內嵌在其中，但未經一些處理，你就無從理解這層意義。資料是潛在的資訊，可類比潛在的能量，必須加工才會釋放出來。

本書通篇都會用書來當例子，理由很簡單，因為它深受了解。假如你正在閱讀本書，通常對書的科技十之八九都很熟。用書來當例子的問題在於，嚴格來說，書並不是資料，書是資料的**容器**，而不是資料本身。書在根本上是

一塊經過加工的木頭；資料則是其中所包含的字詞。字詞是酒；書是瓶子（你甚至可以更進一步，主張字詞也是瓶子，酒則是觀念）。這個容器的比喻對我們會很管用，因為本書通篇所討論到的一切，幾乎都是瓶子，而不是酒。後設資料是資料，但後設資料無法存在於容器之外：後設資料紀錄（metadata record）必須以某種格式存在，不管是實體或數位。同樣地，後設資料紀錄本身就是物件資料的容器。而且以該物件是書或其他的資訊物件來說，該物件或許本身就是資料的容器。因此我們再次面臨了區隔出資料與資訊的難題……而我們會再次把這個課題忽略掉。以我們的目的來說，知道後設資料紀錄是容器那就足夠了。

對描述加以描述

我們現在往下來談談**關於**（aboutness）這個概念。「關於」這個字詞司空見慣到，花任何時間來定義它，似乎就跟辯論「是」這個字詞是什麼意思，一樣吹毛求疵。但「關於」確實有很多**是**關於它的辯論。

「關於」這個字詞指的是描述。但這只會把無可避免的問題往回推：現在我們是在問「描述」意謂著什麼，而

不是問「關於」意謂著什麼。不幸的是，「描述」很難不靠兜圈子來定義；甚至有些字典把「描述」定義為「對事物加以描述」。幸運的是，常識定義在此就是對的定義：描述是在告訴你，關於所描述事物的事。描述是關於事物的敘述，以提供關於該事物的一些資訊。描述是從宇宙中所存在的其他所有事物中，把所描述的事物給區別出來，以幫助你在往後識別所描述的事物。例如本書的書名是《Metadata 後設資料》、本書的作者名是彭蒙藍茲（Pomerantz）、本書有 19 張圖，諸如此類。

好比說名稱、題名或是頁長的資料，這些全都相對沒有爭議。名稱誠然是逕自為之 …… 但名稱一旦定了，通常就不會更改。比較有爭議的是**主題**。書（或其他創作）的主題常事關詮釋。例如本書是在講什麼？我想我們全都能認同，它是在講後設資料，所以或可用來描述本書主題的一個措詞是「後設資料」。但本書講了什麼別的？是不是語意網？有一章是在談這個主題；對於用該措詞來描述整本書的主題，這是否足以成立？網路的論題貫穿了本書的許多地方，只不過專門來好好討論它的篇幅少之又少；對於用該措詞來描述本書的主題，這是否足以成立？

提出和回答像是這些問題的過程，稱為**主題分析**

（subject analysis）。這正是它所聽起來的樣子：對物件（例如書）加以分析，以識別它的主題是什麼……它是在講什麼。顯而易見的是，並非事事都有主題：例如自然發生的物件並不能真的說是有主題。雷尼爾山（Mount Rainier）是在講什麼？它是沒有意義的問題。類似的是，有些藝術作品並沒有主題，只不過平心而論，有些則有。貝多芬《第九號交響曲》（*Symphony No. 9*）的第四樂章（通常稱為〈歡樂頌〉〔Ode to Joy〕），是在講全人類的友誼和手足之情，但頭三個樂章是在講什麼？它又是沒有意義的問題。再者，連物件**可以**說是在講某事時，主題分析也常事關詮釋。小說《白鯨記》是在講什麼？一方面，它是在講鯨魚和捕鯨。另一方面，它則是在講復仇和執迷。在編定主題措詞時，這些詮釋哪一個才成立？

不令人訝異的是，答案是「看情況」。它要看你試著靠主題措詞來達到什麼。翻到本書的後面，你會找到好幾頁的索引。索引是在本書的文字中可以找到的字詞、名稱和概念清單，以及可以找到它們的頁次。這些索引措詞是經過專業的索引員所挑選，以幫助各位讀者在本書的頁次中輕鬆找到概念。現在翻到本書的前面，來看題名頁後的那頁。你會看到一大堆關於版權和出版者的資訊，而且在

頁底會看到一些經過編號的措詞。在圖書館學的術語中，這就是所謂的**主題標目**（subject heading），是在描述本書在講什麼（該描述必然是做到非常高的層級，因為連最厚的書也只會編定幾個主題標目）。這些主題標目是經過專業的編目員所挑選，以幫助對該主題的書感興趣的潛在讀者找到這本特定的書。索引措詞和主題標目都是由人類所挑選，以幫助其他的人類達成特定類型的任務。但有鑑於這些任務類型的差別，被認為有用的措詞便有所不同。

以主題標目來對比索引，所採用措詞的差別便點出了問題：這些描述性措詞是從何而來？索引員和編目員是憑空編訂的嗎？他們是不是從某種措詞選單中來挑選？你可能已經猜到了答案：一方面，索引員會去編訂措詞，只不過普遍來說，這些措詞是從作者所使用的字詞和概念中來挑選。另一方面，編目員則是從一組龐大但有限的現成措詞中來挑選措詞。這組現成措詞的性質在底下會進一步來討論。

後設資料的定義

現在希望各位能看出，為什麼「關於資料的資料」不

是後設資料的有用定義。在資料實際告知任何人前，資料只是潛在資訊，原始且未經處理。研判某事是在講什麼，屬於主觀，端看對該事物的了解和現成的措詞。於是後設資料的這個定義不但沒用，而且幾乎沒有意義。

只有在我們了解到，「資料」這個字詞意謂著「潛在資訊」時，如上文所討論的，這個定義才能有挽回的餘地。我們必須了解資料不是抽象的概念，而是潛在的資訊性物件。接下來，就能定義後設資料為「對另一樣潛在資訊性物件加以描述的潛在資訊性物件」。這比較好，但有點累贅。或者既然描述是關於事物的敘述，我們就能把後設資料定義為，關於潛在資訊性物件的敘述。固然不盡完美，但這是我們在本書會固守的定義：

後設資料是關於潛在資訊性物件的敘述

各位會在本書通篇的過程中看到，這個定義在好幾個方面都很有用。特別是它沿著好幾個面向，提供了我們在事後會很感激的迴旋空間：第一是在物件的性質上；第二是在敘述的性質及如何提出該敘述上。

資源

提出敘述，意指我們有：（一）可供提出敘述的事物，以及（二）關於它的話要說。我們的「潛在資訊性物件」就是我們要提出敘述的事物。此物件更常稱為**資源**（resource）。接下來，描述就是我們對於資源所要說的話是什麼。

敘述有三個部分：第一，我們有描述的**主題**（subject），就是資源：例如〈蒙娜麗莎〉（*Mona Lisa*）。第二，我們在資源和其他某樣事物間有關係的類目（所謂的**述語**〔predicate〕）：例如資源有創作者。最後，我們有另一樣**物件**（object）跟資源是有所述及的關係，例如李奧納多・達文西。

請留意，令人混淆的是，在後設資料的脈絡中使用措詞 subject 和 object 的方式，跟在文法的脈絡中是如何使用，正好相反。在文法上，句子的受詞（object）是受到主詞（subject）所作用的實體：例如在句子「李奧納多・達文西畫了〈蒙娜麗莎〉」中，李奧納多・達文西是主詞，〈蒙娜麗莎〉是受詞。不過在描述性後設資料的敘述中，這些措詞則有非常不同的定義：主題是所描述的實體，而

物件是用來描述主題的另一個實體。這點到了第六章會再次探討，屆時我們所討論的資源描述架構，就是大部分後設資料目前據以結構化的資料模型。

【圖2】

綱要、元素和值

後設資料**綱要**（schema）是一組規則，講的是容許人提出哪幾種主題－述語－物件敘述（所謂的**三元組**〔triple〕），以及容許人如何提出。

想像你正在填寫表單：例如為了應徵工作，或是在診所裡。表單上有填空的地方，要你在這些地方寫下特定的資訊：日期、姓名、電話號碼等等。有時候表單甚至會對所應提供的特定資訊指定格式：例如日期必須寫成月／日／年。表單上會明訂理當提供的資料，以及理當怎麼提供。

填空的表單並非後設資料綱要，但它是滿好的類比：你可以把後設資料綱要想成在定義表單上的空位。在下一章裡，我們會討論到的**都柏林核心集**（Dublin Core），就是設計來對任何資源都能加以描述的後設資料綱要。〈蒙娜麗莎〉非常簡單的都柏林核心集紀錄，或許是長得像這樣：

題名：蒙娜麗莎
創作者：李奧納多‧達文西
日期：1503 到 1506 年

在這個例子中，題名、創作者和日期是所填入的空位。這些「空位」是主題－述語－物件三元組中的述語：例如李奧納多‧達文西（物件）是〈蒙娜麗莎〉（主題）的創作者（述語）。靠著定義一小組的述語，都柏林核心集便限制了容許人去提出關於資源的那組敘述。不過在後設資料綱要的脈絡中，這些述語通常叫做**元素**（element）。

後設資料綱要中的元素是對於資源所能提出的敘述類目；元素是在為資源的屬性命名。接下來，**值**（value）是為元素所編定的資料：例如「李奧納多‧達文西」是本資

源的創作者，或者「1503 到 1506 年」是本資源的創作日期。搭在一起就是**元素－值配對**（element-value pair），即關於資源的單一敘述加總。假如後設資料是關於潛在資訊性物件的敘述，元素－值配對就是後設資料不可分解的粒子。

靠著把後設資料定義為敘述，語言的比喻很清楚是受到了引用。它是不完美的比喻，而且所引用的只有一種特定的語言哲學——語言是符號的形式系統。但就我們的目的而言，它是有用的比喻。

根據這個比喻，後設資料綱要是語言據以操作的規則組。因此，後設資料綱要是非常簡單的語言，並有少數的規則。

編碼體系

語言的規則無論多簡單，都要動用到一組用來表意的符號。我們在此要切入符號學（它所用的不是**符號**〔symbol〕，而是**記號**〔sign〕這個措詞）：記號是靠指涉或指稱**所指**（signified）來表意。例如 Jeffrey 這組字母指涉的是我。 Jeffrey 這組字母並不是我，但在某些條件下，它是

代表我的記號。我是所指；Jeffrey 是**能指**（signifier）。

後設資料綱要是在對或可提出的各種敘述來加以控制。後設資料**編碼體系**（encoding scheme）則是在對那些敘述中，所用能指或有的建構方式來加以控制。在或可指涉的事物類型上，編碼體系是抱持著未知論。編碼體系所做的事在於，明訂能指要怎麼建構。

在後設資料的脈絡中，能指或有的建構方式有二種……二類的編碼體系：指定語法和指定詞彙。

語法編碼

語法（syntax）編碼體系是一組規則，明訂要怎麼代表或編碼特定類型的資料。重要的是，語法編碼體系是特定屬於個別的後設資料元素。

例如很多後設資料綱要會建議，在指定日期時，應該要根據 ISO 8601 標準來為值編碼。ISO 8601 是國際標準化組織（International Organization for Standardization）的標準，所代表的是日期與時間。我們就以 2015 年 3 月 14 日的日期為例，它當然是圓周率日（以美國所用的月／日標記法就是 3/14）。那天有一秒是，日期和時間會是圓周

【表 2】

後設資料綱要是在控制這個	編碼體系是在控制這個
題名：	蒙娜麗莎
創作者：	李奧納多·達文西，1452–1519
日期：	1503–1506
格式：	白楊（木質）

率的頭十位數：3/14/15, 9:26:53。以 ISO 8601 來編碼，這個日期和時間會長得像這樣：

日期：2015–03–14T09:26:53

ISO 8601 是語法編碼體系，意謂著它是在為要怎麼代表特定類型的資料來提供標準。日期或許是資源的屬性（例如創作日期）；這個編碼體系是用來，為要怎麼在後設資料紀錄中代表日期來提供標準。語法編碼體系是在為要怎麼建構能指來明訂一組規則，好讓它指出特定類型的所指。

控制詞彙

如同語法編碼體系，控制詞彙是一組規則，明訂要怎麼代表特定類型的資料，而且也是特定屬於個別的後設資料元素。不過差別在此：語法編碼體系是在明訂描述資源的字串必須怎麼格式化，控制詞彙則是在提供一組或許真會用到的有限字串。回到語言的比喻上，假如後設資料綱要是在對或可提出的各種敘述，來加以控制，控制詞彙就是在對那些敘述中或可使用的字詞和片語，來加以控制。

例如在都柏林核心集的主題元素上所推薦的是，從控制詞彙中來挑選值。美國國會圖書館主題標目（Library of Congress Subject Headings）是使用最廣的控制詞彙之一，而且或許就如各位所預期，是由國會圖書館來維護。從1970年代初以來，國會圖書館主題標目中的主題標目，就運用在了每本在美國所出版的書籍上。事實上，本書就是使用國會圖書館主題標目中的主題標目：去看看原文書的版權頁（編按：繁體中文版請參考本書最後一頁的國家圖書館預行編目〔CIP〕資料）。

本書所使用國會圖書館主題標目的措詞之一，就是後設資料。在**控制詞彙**（controlled vocabulary）中，施以控

制的是這點：措詞是後設資料，而不是其他任何東西。假如你想要遵循國會圖書館主題標目，就不能把本書描述為是關於「後設－資料」、「關於資料的資料」或其他任何同義詞。措詞就是後設資料，而且「後設資料」是唯一可接受的措詞。

在某種意義上，控制詞彙，就像是小說《一九八四》（*Nineteen Eighty-Four*）裡的語言新語（Newspeak）。新語是人造語言，可用的字詞數大幅限縮，同義詞和反義詞全數消滅，剩下那些字詞的意義範疇則是經過淨化和簡化。把「新語」換成「控制詞彙」，前面的句子依舊準確。當然，使用不在國會圖書館主題標目中的措詞來描述資源，不會有反國會圖書館的思想罪……但會一開始就違反遵循標準的做法。

當然，國會圖書館主題標目只是許多控制詞彙的一種。但國會圖書館主題標目是控制詞彙的鼻祖：它是還在廣為使用最悠久的之一，1898 年在美國國會圖書館所發展出來，並且是最廣泛的之一，因為它企圖覆蓋整個範圍的人類知識。

不幸的是，企圖覆蓋整個範圍的人類知識，碰到了相當大的本體論問題。宇宙是很大的地方，裡面可以說是有無限的可能主題數。不過依照定義，控制詞彙是一組有限

的措詞。控制詞彙希望能代表所有可能的主題，要怎樣才有可能？

　　平心而論，國會圖書館主題標目的確很龐大。在本文撰寫之際，最近期的版本是第三十五版，分六冊發行，頁數為六千八百四十五頁，包含三十多萬則主題標目。（順帶一提，第三十五版會是最終印行版，因為國會圖書館正轉型成只在線上發行）。只不過事實上，三十萬的數字有所誤導：國會圖書館主題標目所包含的規則容許你把主題標目串在一起，以創造出所謂的**複分**（subdivision）。例如對於作品是在談大火災（Great Fire）當時存在於西雅圖的渡輪，你可兼用地理和年代的複分描述如下：

渡輪－華盛頓－西雅圖－ 1889 年

　　以這種方式來重新混合主題標目，國會圖書館主題標目便容許原本是一組有限的措詞，衍生出潛在的無限數目。

名稱權威

　　與控制詞彙有關的是**權威檔**（authority file）。權威檔

如同控制詞彙，是在提供一組或可用來描述資源的有限字串。接下來，**名稱權威檔**（name authority file）則是特定屬於名稱。

使用最廣的名稱權威檔之一，又是由國會圖書館所維護：國會圖書館名稱權威檔（LCNAF）是在提供人物、地方，以及事物的權威名稱資料。例如馬克·吐溫（Mark Twain）在國會圖書館名稱權威檔裡的條目如下：

Twain, Mark. 1835 – 1910
馬克·吐溫，1835 – 1910

一如控制詞彙，這個字串是指稱馬克·吐溫唯一可接受的措詞。薩繆爾·朗赫恩·克萊門斯（Samuel Langhorne Clemens）用過好幾個筆名寫作，但假如在後設資料元素的值上，你所用的來源是國會圖書館名稱權威檔，指稱他的有效方式就只有一種。確切來說，在「薩繆爾·朗赫恩·克萊門斯，1835 – 1910」上，國會圖書館名稱權威檔的條目所包含的注是這樣：「本標目在當成主題上無效。關於此人的作品是收錄於吐溫，馬克，1835 – 1910。」權威檔是嚴格的女教師：它非常講究容許你使用什麼措詞，

假如你甚至考慮拿錯的來用，就會受到嚴厲的糾正。

國會圖書館名稱權威檔固然是最廣泛的權威檔之一，但絕非唯一。保羅蓋提研究所（J. Paul Getty Research Institute）創立了二個名稱權威檔：文物名稱權威檔（Cultural Objects Name Authority，CONA）®，是在提供關於藝術物品的題名和其他資訊，以及藝術家聯合名錄（Union List of Artist Names，ULAN）®，則是在提供關於藝術家及其團體的權威名稱資料和相關資訊。

馬克・吐溫在藝術家聯合目錄中的條目，跟在國會圖書館名稱權威檔中的條目稍有不同：

Twain, Mark (pseudonym)
馬克・吐溫（筆名）

還有其他很多的權威檔存在。權威檔常是由國家圖書館來創立，這點是再自然不過了，因為所有在該國或與它相關的出版材料，普遍都屬於國家圖書館的擁有範疇。（順帶一提，國會圖書館實際上並**不**是國家圖書館，而是國會的圖書館，只不過是把它當成了事實上的國家圖書館。）當然，這麼大的範疇無可避免到最後會跟其他國家

圖書館的範疇重疊：例如國會圖書館如何能蒐集美國史的材料，卻不複製歐洲的國家圖書館也已蒐集的材料？而且我們已經看到，國會圖書館與蓋提研究所所創立的權威檔重疊。

　　為了盡量減少這種多此一舉，並把工作分散出去，來降低維護權威檔的成本，國會圖書館、德國和法國的國家圖書館（Deutsche Nationalbibliothek 和 Bibliothèque Nationale de France），以及國際線上圖書館電腦中心（在下一章會進一步討論的組織）開啟了所謂虛擬國際權威檔（Virtual International Authority File，VIAF）的專案。在本文撰寫之際，虛擬國際權威檔此後便結盟，發展成為在全球擁有 22 個的機構（包括蓋提是唯一非國家圖書館的貢獻者）。虛擬國際權威檔是終極權威檔，把所有參與者的紀錄合併成單一的服務，而由全球共用。

索引典

　　我們現在稍微後退到控制詞彙上。控制詞彙如同新語，是一組容許使用的限定措詞。但這樣的一組措詞或許純粹是清單。

索引典（thesaurus）是建立在清單的簡單上，為這組措詞加上結構與層級。不過，這樣的結構並不是文法。語言既是一組字詞，也是文法規則來支配這些字詞可如何串在一起，以形成連貫的句子（當然，語言的字詞組和文法規則都會逐時演進，但這並不礙事。）語言的文法規則誠然是結構，但跟索引典的結構是不同的種類。索引典不是在支配字詞可不可以使用的方式；索引典是在支配字詞間的**關係**。

我們姑且回到西雅圖輪渡的例子上。控制詞彙或許是在表述，比方說指稱美國地點的容許措詞組：容或是 2010 年美國人口普查中所認可的 29,514 個「註冊地點和人口普查指定地點」。但這只會是措詞的清單。

索引典則會包括列名的實體在使用這些措詞上的關係：西雅圖會是華盛頓的「子代」，奧林匹亞、斯波坎、沃拉沃拉，以及華盛頓州內其他所有可識別的地點也是。五十州各自也同樣地會有子代實體的清單。這份假設的索引典只會有二層深，但你輕易就能想像到有很多層的索引典。城市或許是以鄰里為子代實體，繼而或許是以街道為子代。城市或許是以郡而不是州為親代，郡的親代會是州，然後是國家，然後是洲。事實上，保羅蓋提研究所的

地理名稱索引典（Thesaurus of Geographic Names®）正是以此來組織。

　　華盛頓是索引典為什麼有用的典型例子。全美有許多的華盛頓：華盛頓州、美國首都華盛頓市、全美不少於 30 個不同州的華盛頓郡、至少 25 個不同的州有以華盛頓為名的市或鎮，此外還有一票其他的華盛頓。但要在索引典裡代表這麼形形色色的華盛頓是簡單的事，因為各自在層級中都占有獨特的位置：北卡羅來納州的華盛頓郡和緬因州的華盛頓郡不可能會混淆，因為各個華盛頓郡都有不同的親代。

　　在此所討論的索引典類型，跟「索引典」這個措詞的常見意義稍有不同。《羅格索引典》（Roget's Thesaurus）是英語中最受歡迎的索引典之一，書中（現在當然也有線上）列出了字詞，並提供各字詞的同義詞和反義詞。例如假如我們在《羅格索引典》裡要搜尋的字詞是 control 」（控制），就會發現它的一些同義詞是 regulation（規範）和 restraint（限縮），一些反義詞則是 chaos（混沌）和 lawlessness（目無法紀）。

　　《羅格索引典》（如同任何的語言索引典）是在提供一組字詞和它們的關係。不過，關係非常簡單：同義詞

地理名稱索引典層級頂端（層級根）

…世界（面）

……中北美（洲）

………美國（國）

…………華盛頓（州）

……………金恩（郡）

………………西雅圖（居住地）

…………………巴拉德（鄰里）

【圖3】

和反義詞。當你考慮到大部分的字詞都有意義上的細微差別時，這些關係就會變得稍微比較複雜（regulation 和 restraint 本身並不是真正的同義詞，但都是 control 的同義詞）。因此，字詞的每種意義或可當成分開的實體，而各有本身的同義詞和反義詞（例如試想「藍色」這個字詞，至少有二種分開的意義，顏色和心情）。事實上，字詞網（WordNet）就是以此來結構化：字詞網是英文的詞語資料庫，在資訊科學和電腦科學中廣受使用。不過撇開這一切，不管索引典如何去定義字詞是什麼，在語言的索引典中都有二種並只有二種關係（同義詞和反義詞）。

在資訊科學的意義上，索引典，也就是為後設資料元

素提供值的索引典，在措詞之間或許會有不同、有時候則是較為複雜的關係。再次回到渡輪的例子上，國會圖書館主題標目是用「較廣義措詞」（broader terms）和「較狹義措詞」（narrower terms），來指出層級關係。例如比起「渡輪」，「客船」是較廣義措詞，而「水上計程車」則是較狹義措詞。於是「渡輪」就是「客船」的子類目，而「水上計程車」則是「渡輪」的子類目。措詞之間的關係在此為「IS A（是一種）關係」。以數學的措詞來說，這是**非對稱遞移關聯**（asymmetric transitive relation）：假如水上計程車是渡輪，那渡輪就不是水上計程車（Y 是 X，X 就不是 Y）；假如渡輪是客船，那水上計程車也是客船（Z 是 Y，Y 是 X，因此 Z 就是 X）。

這種層級結構司空見慣，因為它跟家譜屬於相同的結構：親代或許有一個以上的子代，繼而或許又有一個以上的子代，依此類推。一如在家譜中，假如親代有不只一個子代，實體或許也會有手足。於是**渡輪、貨船**和**遠洋郵輪**就是手足，因為它們全都是客船的子代（較狹義措詞）。

還有一類關係在索引典中很常見：**用於**。使用「用於」是在指，特定的措詞是優先措詞，應該用它來取代任何指定的替代詞。上述馬克‧吐溫的例子就指出過，「薩繆

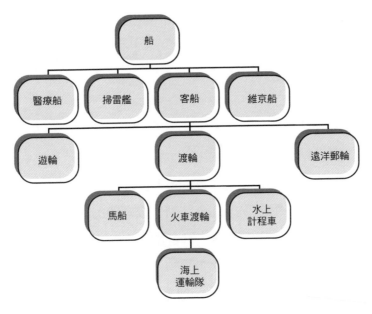

【圖4】

爾，朗赫恩，克萊門斯，1835－1910」在國會圖書館名稱
權威檔中的條目，是指向優先措詞「吐溫，馬克，1835－
1910」。另一個例子則是，在蓋提地理名稱索引典中，為
卡薩布蘭加（Casablanca）市所列出的名稱有好幾個——
達爾貝達（Dar el Beida）、阿達爾阿爾拜達（Ad-Dār Al-
Baydā）、安法（Anfa），但「卡薩布蘭加」是列為優先措詞。
這些實體間的關係是「用於」的關係：假如你用的是地理

名稱索引典，就應使用「卡薩布蘭加」，來取代「達爾貝達」或其他任何名稱。

網路分析

層級結構只是網路拓樸（topology）的一類。以數學的措詞來說，網路是圖（graph），也就是一組由關係連結起來的實體。很多學門都會談到形成網路的現象：電腦網路、生物網路、電信網路、社群網路之類。不同的學門是用不同的措詞來指稱網路中的物件與鏈結；我們會使用圖論（graph theory）中的措詞，把這些實體稱為**節點**（node），連結則稱為**邊緣**（edge）。

拓樸是數學的分支，研究的是形狀和空間，以及從一種可變形為另一種的意義上來說（例如咖啡杯或可變形為環面），形狀實際上相當於什麼。從節點間的邊緣創造出結構的意義上來說，網路的拓樸就是網路的「形狀」。一些簡單的網路拓樸包括環形（一個節點連結下一個，再連結到下一個，依此類推，直到環形的最後一個節點連結到第一個），以及星形（所有的節點都連結到一個中央節點）。層級或節點的家譜排列屬於**樹狀**拓樸（tree topology）。

　　有鑑於應用網路的學門有多麼形形色色，網路分析是定義稍嫌貧乏的措詞。不過就我們的目的而言，網路分析是用網路，來研究或許會比組成部分還更複雜的現象。例如全球資訊網（World Wide Web，WWW）不只是世上所存在伺服器的總和，而且它會展現出個別的伺服器不會展現出的行為。類似的是，社群網路不只是一組彼此熟識的個人。

　　多虧了臉書、推特和其他的社群網路服務，以及關於國安局蒐集電話紀錄的新聞報導，社群網路分析在過去幾年間變得非常廣為人知。但社群網路分析只是網路分析的一種：分析眾人之間的連結，而不是電腦、神經元或在其他許多形成網路的實體上任何一項之間的連結。例如在以臉書為代表的社群網路中，節點是人、地和組織，而且唯一的關係是「好友」和「讚」。臉書的社群網路頗為扁平：人、地和組織全都是非常廣泛的類目，而且你的臉書「好友」實際上並非全都是你的好友。眾人之間所能存在的關係有一大堆名稱：好友、熟人、鄰居、同僚、同事、手足、配偶、雇主、員工、敵人、亦敵亦友……清單有一大串。再者，在網路、甚至是社群網路中，並非每個實體都

需要是人、地或組織。例如國安局對社群網路的分析,據說就包括了電話號碼和電子郵件位址之類的實體。

網路分析本身就是很大又非常有趣的研究領域,我們在此無法盡述。對於該題目的諸多層面,本書〈延伸閱讀〉列出了一些專書。

二個節點由邊緣連結起來是網路最基本的單位;上文所討論到這種三部分的關係,就是主題-述語-物件三元組。於是後設資料描述的主題和物件都是節點,述語則是邊緣。

在網路的這個例子中,我們非常快就從〈蒙娜麗莎〉移到了賓州的艾倫鎮(Allentown),二個通常是彼此鮮少相干的實體。隨著愈來愈多的實體和關係加入,網路就會迅速成長。確切來說,隨著愈來愈多的實體和關係累積,其實就會無從停止,除非是把萬物在整個宇宙中的關係網路都標繪出來。在大部分的情況下,這樣的標繪並不可行。到第六章討論鏈結資料時,我們就會回到標繪上。

總之,網路裡的節點或為任何一類的實體,而邊緣或為實體間的任何一類關係。網路的性質(電腦、社群、神經等等)自然就會把網路中,或許存在的實體類型和關係類型都指出來。不過,有鑑於邊緣或為任何一類的關係,

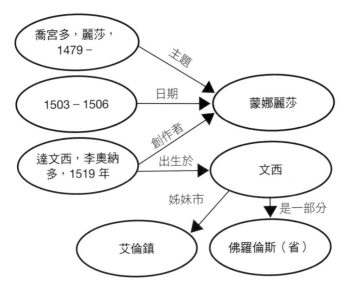

【圖5】

我們必須來討論本體論。

本體論

在哲學中，本體論（ontology）是在研究現實的性質和所存在事物的類目。在資訊科學中，本體論則是以形式來代表在特定界域中所存在事物的宇宙。本體論這二種取向的共通之處在於，都是在表述實體的宇宙和實體間的關

係……即使它是小宇宙。

索引典是層級，但實體間的關係通常頗為簡單，常常就為**是**（IS A）關係：水上計程車是渡輪，渡輪是客船。索引典中其他常見的關係包括是**一部分**（part of；例如文西是佛羅倫斯省的一部分，佛羅倫斯是托斯卡尼的一部分）、是**實例**（instance of；約翰‧泰勒是美國總統的實例），以及是部分－整體（part-whole；手肘是手臂的一部分）。不過原則上，索引典中的關係或許是怎樣都行。

本體論是建立在索引典上：本體論也是一組實體和它們之間的關係，也會被組織為層級，也常用控制詞彙或其他的編碼體系來為實體和關係命名。事實上，本體論與索引典密切相似到，二個措詞常可交替使用，只不過這麼做並不正確。

本體論與索引典不同的是，本體論包括了一組規則。層級結構直截了當的家譜，就是個好例子。層級中的實體或許有子代，而在家譜中，這等於就是親子關係。事實上，家譜中是有父與母二種親代關聯，以及子與女二種子代關聯。知道了這點，我們就能創造以下的規則：假如 A 是女性，那 A 就是 B 的母親；或者反過來，假如 A 是 B 的母親，那 A 就是女性。**女性**是可為實體編定的特性，

而且依此特性，便可來推論該實體與其他實體間的關係。或者反過來說，假如我們知道二個實體間的關係，便或可來推論其中一個或多個實體的特性。推論是在索引典的頂層，是把關於世界的知識整合到本體論中的方法。

這種關於世界的知識或可編碼為行事規則，例如在軟體中。舉例來說，在族譜的應用程式中，或許就存在以下的規則：假如 B 是女性，那 B 和任何子代實體間的預設關係就是母親，並應在 B 的名字旁畫上♀的符號。

後設資料一發不可收拾

從編碼體系、索引典到本體論，在為後設資料綱要中的元素來創造或挑選值上，本章是從較低往愈發結構化與資訊豐富的機制來移動。不過，本節則要往光譜另一個極端的完全缺乏結構來移動。

在小說《一九八四》裡，新語連存在的字詞都限定，前提則是有限的詞彙會限制住有可能去溝通、甚至是思考的概念。編碼體系如同新語，是在控制有可能使用的措詞，不是靠限制所容許的措詞數，一如在控制詞彙中，就是靠指定措詞的結構，一如在語法編碼體系中。編碼體系

背後的前提是，自然語言常很籠統，所以必須靠控制來限制後設資料紀錄的複雜性。這是由上而下、指揮控制式的後設資料取向。

相反地，萬一有人要走由下而上、草根式的後設資料取向呢？萬一有可能去使用的措詞沒得控制呢？網際網路的美妙之處就在於，它不受控制。對，有組織在把一定的功能集中化，好比說編定 IP 位址和緊急回應。但沒有機關是在明訂，你可以把哪種內容放上網。

網際網路多半不受控制的事實，使它成了**非控制詞彙**（uncontrolled vocabulary）的豐饒土壤。要說控制詞彙是在提供一組或可使用的有限措詞，以當成後設資料綱要中特有元素的值，非控制詞彙則是容許使用任何措詞。而且任何措詞真的確實是意謂著任何：不但是在你所選擇的語言中，整個範圍的字詞都是標的，而且非控制詞彙還容許當場發明措詞。

當然，有些元素自然而然就適合這樣的缺乏控制。例如題名元素八成最好是非控制，因為資源的創作者應該有可能會把它命名成他所想要的**任何**東西。有什麼委員會在制訂書名的名稱權威檔時，能預測到《如何閃避巨大船隻》（*How to Avoid Huge Ships*）或《北美東部的走失購物車》

有什麼委員會在制訂書名的名稱權威檔時，能預測到《如何閃避巨大船隻》或《北美東部的走失購物車》？

（*The Stray Shopping Carts of Eastern North America*）？然而，有些元素則大為得利於受到控制。例如日期元素八成最好是受到控制，因為日期有許許多多的寫法。這點的簡單例子就是，在美國常見的格式是月－日－年，相對於在歐洲常見的則是「日－月－年」。

在這二個極端之間，有許多元素是往哪邊擺都行。其中最顯眼的容或就是主題。如上文所討論，盡是主題的國會圖書館主題標目容或是現存最大的控制詞彙。另一方面，主題也極為適合非控制。假如你曾發過部落格的貼文、上傳視訊到 YouTube，或是把書存檔到 Goodreads，就知道你能為它編定任何想要的標籤。

這些標籤具備雙重的目的。對你這個服務的使用者來說，這些標籤是把你自己的材料組織起來的方式。無論有多特異，你都可以創造出任何想要的標籤，以便能搜索和瀏覽及查找你自己的材料。假如你想要把「待讀」（to read）的標籤用在 Goodreads 的書上，那也無妨，即使在世界的「待讀」清單上，別人都沒有那本書。假如你想要用「無腦」（turlingdrome）的標籤來描述 Flickr 上的照片，那也無妨，即使你是全世界唯一使用這個標籤的人。標籤是個人化的措詞，只需要對它的創作者有意義。

儘管如此，大部分的使用者到頭來都會對特定的內容片段，採用相同或類似的標籤。例如在 Goodreads 裡，《銀河便車指南》（*The Hitchhiker's Guide to the Galaxy*）這本書最常見的一些標籤，就是「科幻」和「幽默」（Goodreads 把標籤稱為「客製書架」〔custom shelves〕）。藉由匯集成千上萬的獨立使用者特異使用的標籤，Goodreads 準確呈現出了這本書的體裁。所以假如 Goodreads 的使用者將來要去搜索待讀的科幻書籍、幽默書籍或幽默科幻，他就會找到《銀河便車指南》。

　　這正是標籤所擅長的事：容許使用者去搜尋或瀏覽線上內容，所用的措詞則反映出人對於搜尋和瀏覽的實際想法。國會圖書館主題標目很厲害，但為《銀河便車指南》所編定的主題標目，八成不會反映出大部分的人對那本書會有的搜尋方式：

　　派法特，福特（Prefect, Ford）（虛構人物）──小說
　　丹特，亞瑟（Dent, Arthur）（虛構人物）──小說

　　從這二人是書中人物的意義上來說，這些主題標目很準確。但八成鮮少有人會想到以這種方式來搜尋此書。

除了 Goodreads 中的 science-fiction（科幻）標籤外，《銀河便車指南》其他非常風行的標籤包括 sci-fi 、scifi 和 sf 。這樣的變體重啟了特異價值的課題。假如標籤理當有益於容許以常識的方式來搜尋和瀏覽，那變體標籤的存在不會干擾到這樣的效用嗎？

　　一方面會。假如使用者所瀏覽的是 sf，就真的不會找到標示為 scifi 的書。另一方面，假如標籤數夠大，十之八九就會有顯著的重疊：相同的書會被某些使用者標示為 sf，並被另一些標示為 scifi。所以變異或許會降低標籤的一些效用，但不會是完全。

　　大部分的使用者固然會對特定的內容片段，使用相同或類似的標籤，但某些使用者和某些標籤則較為特異。例如 Goodreads 的一位使用者把《銀河便車指南》標示為 xxe，另一位則是 box-8 。這些標籤意謂著什麼？誰理它！Xxe 的標籤並沒有錯……它對某人言之成理，對我則不是。標籤沒有壞或錯這回事：假如標籤甚至是對一個人有用，那它就是好標籤……只是不會受到大量使用。

　　這就是控制詞彙和非控制詞彙的根本差異。控制詞彙提供了一組標準化的措詞來描述某組物件，非控制詞彙則容許任何及所有的措詞衍生出來。控制詞彙是加以控制來

限定選擇範圍；非控制詞彙則是讓百花齊放。

當然，人性就是想要簡化周遭現實的複雜性。於是使用者社群便常常圍繞著使用標籤的服務而出現，以專門把標籤集正常化。例如這在維基百科（Wikipedia）上就非常常見。有整個團體，是專門在維基百科的主題領域內，組織和定義類目的範疇。於是非控制詞彙便不斷有壓力，要把控制度提高。當然，就連控制詞彙也會逐時改變，因為新的措詞會被創造出來，過時的措詞會遭到淘汰，以努力反映實體的知識狀態在範疇內的改變。沒有單純的控制或非控制詞彙這回事：實際的詞彙全都是位於控制度較高或較低的光譜之間。

後設資料紀錄

後設資料綱要是，關於有可能提出哪幾種主題－述語－物件敘述的一組規則。元素是可根據綱要來提出的敘述類目，而值則是根據綱要對該元素的規則，來為元素所編定的資料。我們現在把本章中，專論要怎麼創造或挑選值的冗長一節告了一段落，往下便來談談後設資料**紀錄**。

後設資料紀錄就是一組關於單一資源的主題－述語－

物件敘述。在試算表中，單列就是單一實體的條目，包含了關於該實體的全部資料，類目則是在欄標目中來指定。同樣地，後設資料紀錄是特定屬於單一資源（例如〈蒙娜麗莎〉），包含了關於該資源的全部後設資料（李奧納多·達文西，1503 到 1506 年等等），類目則是由綱要中的元素來指定（創作者、日期等等）。

後設資料紀錄的重要特性如下：單一資源應該要有一筆且唯一的一筆後設資料紀錄。事實上，這重要到被稱為**一對一原則**（One-to-One Principle）；也就是一件資源、一筆紀錄。這項原則當初是為了都柏林核心集的後設資料紀錄所表述，但也適用在該脈絡以外。

在實務上，一對一原則會指定，〈蒙娜麗莎〉應該要有一筆且唯一的一筆後設資料紀錄。在表面上，這似乎無比合理。但有一大堆作品都是源自〈蒙娜麗莎〉。例如很可能沒有人會主張，馬塞爾·杜象（Marcel Duchamp）的作品〈L.H.O.O.Q.〉（她的臀部很辣），是跟〈蒙娜麗莎〉區分開來的資源，因此該有它自己的後設資料紀錄。但例如〈蒙娜麗莎〉的高解析度數位照片，是由羅浮宮來創作和維護，意在當成原作的最終替代品呢？這該不該視為跟〈蒙娜麗莎〉區分開來的資源，而要有它自己的後設資料

紀錄呢？該〈蒙娜麗莎〉的數位照片並不是〈蒙娜麗莎〉。

許多後設資料綱要中都包括了元素，來應對諸如此類的局面。例如都柏林核心集和視覺資源核心類目（VRA Core；描述視覺文化作品的綱要，由視覺資源學會〔Visual Resources Association〕所創立）都包括了名為**關聯**（Relation）的元素，而藝術品描述類目（CDWA，保羅蓋提研究所的藝術品描述類目〔Categories for the Description of Works of Art〕）則包括了名為**有關作品**（Related Works）的元素。羅浮宮的〈蒙娜麗莎〉高解析度數位照片是〈蒙娜麗莎〉的有關資源，一如〈L.H.O.O.Q.〉。這些資源或許都有共通的元素－值配對，指出與〈蒙娜麗莎〉的關聯，而在那些資源與它們所源自的資源間建立起關係。於是一對一原則便受到了維護：各個資源都有自己的後設資料紀錄，但資源間的重要關係受到了掌握。

不過，一對一原則有一個顯著的缺點：可供選擇的後設資料綱要有很多。一到了這個點上，一對一原則就會被打破。

事實上，一對一原則可合理地重新命名為一對一對一原則：單一資源應該要在單一後設資料綱要中，有一筆且唯一的一筆後設資料紀錄。〈蒙娜麗莎〉、〈蒙娜麗莎〉的

數位照片，以及〈L.H.O.O.Q.〉全都應該要有獨特的後設資料紀錄，是使用都柏林核心集的元素。但它們或許也全都有獨特的後設資料紀錄，是使用藝術品描述類目的元素，還有第三組獨特的紀錄，是使用視覺資源核心類目的元素。

對於特有的資源，人為什麼或許會想要都柏林核心集的紀錄、藝術品描述類目的紀錄或另一種後設資料綱要的紀錄，則要看使用案例。你有什麼資源？你的使用者很可能是誰？他們很可能想要拿你的後設資料紀錄來做什麼？對於不同後設資料元素組的利弊，以及可為元素編定的可能值，在接下來的數章就會討論到。

後設資料紀錄的位置

單一資源應該要在單一後設資料綱要中，有一筆且唯一的一筆後設資料紀錄。然而問題在於：這筆紀錄在哪裡？答案是，後設資料紀錄或可位在的地方有二個：內與外。也就是內嵌在紀錄所指稱的資源裡，或是與資源分開。

我們已經看過紀錄是在這二個位置中的例子：一方面，國會圖書館出版品預行編目（Cataloging in

Publication，CIP）資料、主題標目和位在本書版權頁上的其他後設資料，是內嵌在本書內關於本書的後設資料紀錄。另一方面，圖書館目錄裡的卡片，則是與本書分開的物件關於本書的後設資料紀錄（包含了許多相同的資訊）。

在實體和線上世界中，事物可以在哪裡的可能性範圍，都是不脫內與外：實體或數位物件可以包含關於自身的後設資料，或者後設資料紀錄或可與物件分開存在。這便點出了問題：何者更勝一籌？答案不出所料是：看情況。泰半要看使用案例是什麼。

內嵌在物件中的後設資料普遍是伴隨著物件而產生。試想在第七章會進一步討論到的 schema.org。schema.org 的標準使結構化資料，能內嵌在原本通常是非結構化的 HTML（超文本標記語言）檔中。因此，這樣的內部後設資料很可能是代表網站創作者的權限。不過，內嵌在物件中的後設資料很可能是難以或不可能更改。例如身為使用者的你就無法更改網頁上的標記；只有網站管理員才能這麼做。內部後設資料是權威卻靜態。

物件外部的後設資料或許是伴隨著物件而產生，但或許同樣容易在事實之後來創造。試想資料庫裡所儲存關於所發布文章的後設資料紀錄。例如我曾經發現，我寫的

期刊文章，不正確地算到了線上資料庫中另一位作者的頭上。換句話說，關於該文章的後設資料紀錄為作者欄編定了不正確的值。我聯絡了資料庫業者，他們在幾小時內就更正了紀錄。對我來說，這個故事是開心收場，並對資料庫業者留下了好印象。但物件外的後設資料無可避免點出的問題是，那些後設資料是由誰所創造，以及創造的過程有多值得信賴。再者，外部後設資料或許是為特定的使用案例來客製化：為學術文獻的商業資料庫所創造的後設資料紀錄，或許有別於為谷歌學術搜尋（Google Scholar）所創造的紀錄，或許有別於引文管理應用程式所創造的紀錄。外部後設資料有彈性，但權威性或許成疑。

在數位檔上有時候可能會難以識別出，關於資源的後設資料紀錄到底是位在哪，而且事實上，紀錄的位置可能會改變。裝飾音（Gracenote）公司所維護的 CDDB（Compact Disc Database，光碟資料庫），顧名思義，就是關於光碟和其中音樂檔的描述性後設資料紀錄資料庫。光碟資料庫是在線上，而且任何獲得許可的音樂播放器應用程式都可存取這些紀錄，以便對應用程式的使用者顯示這些後設資料。換句話說，光碟資料庫是在蒐集外部後設資料紀錄。光碟資料庫當初發展出來是因為，早期的光碟不

包含任何關於內容的後設資料；後來發展出了光碟文字（CD-Text）的規格，便把這些後設資料儲存在光碟上。不過，這些光碟文字資料儲存在光碟上的位置，跟它所描述的音樂檔不同。因此，光碟上的光碟文字紀錄仍是外部後設資料紀錄，意義就等同於，位在書籍版權頁上的後設資料是在書籍實際內容的外部。不過當光碟受到「擷取」（ripped，複製上面的檔案並常會重新格式化）時，許多應用程式也會擷取音訊檔在光碟上的光碟文字。換句話說，數位音訊檔的光碟文字後設資料是在檔案的內部。

假如後設資料紀錄在物件的內部，那顯而易見的是，紀錄是在描述該物件。書籍版權頁上的後設資料是在清楚描述那本特定的書；網頁上的 schema.org 標記是在清楚指稱那則特定的網頁；要不然它就沒有意義了。但假如後設資料紀錄是在它所描述物件的外部，那這二樣東西要怎麼連結？我們要怎樣才能知道，物件的後設資料紀錄在哪裡？反過來說，我們要怎樣才能知道，紀錄所指稱的物件是什麼？這個問題的答案相當簡單：更多的後設資料。

關於書的後設資料紀錄，會包含比如主題標目和作者的元素。單是這二個元素，通常就足以把書唯一識別出來：世上有不只一本的書是以《Metadata 後設資料》為題

名，但只有一本是由傑福瑞・彭蒙藍茲所著。以把書唯一識別出來的目的來說，提供任何關於書的額外後設資料都只是聊備一格：肯定不會有不只一本的書是以《Metadata後設資料》為題名，由傑福瑞・彭蒙藍茲所著，在 2015年由麻省理工學院出版社所出版。

不過，與其依賴結合多個元素來把物件唯一識別出來，靠單一元素常常更勝一籌。以圖書館裡的書來說，這就是索書號，例如美國國會圖書館分類法（Library of Congress Classification）。如同所有在美國出版的書籍，本書出版後不久，就編定了國會圖書館分類法的索書號。本書在圖書館上架時，會根據它的索書號來放，擺在其他題目類似的書附近，以方便圖書館的使用者。當然，國會圖書館分類法只是為書創造索書號的一套系統；另一套常見的體系是杜威十進分類法（Dewey Decimal Classification）。而且在圖書館的脈絡外，出版者當然還有另一套體系來把書唯一識別出來：國際標準書號（International Standard Book Number，ISBN）。

這樣的索書號會出現在本書外部的後設資料紀錄裡：圖書館目錄的紀錄中。但索書號要有用，它也必須在書本身的內部存在。書的索書號會伴隨著出版品預行編目資料

印在版權頁上，而且在圖書館裡，它常是用貼紙黏在書背上。換句話說，索書號會加到書裡來當成內部後設資料的片段（即使它事實上是在物件外）。這種後設資料片段的存在，便容許圖書館員得知要把書擺在架上的哪裡，並使圖書館的使用者得知要在哪裡找到它。

於是外部後設資料紀錄要有用，就必須依賴內部後設資料的存在。所以假如內部後設資料必然非存在不可，那為什麼還要有外部後設資料？這是因為外部後設資料會幫使用者節省時間。如第一章所討論，後設資料最重要的用途之一就是資源探索。在資源探索上，外部後設資料遠比內部後設資料要來得有用：圖書館目錄比整個圖書館要小得多，搜尋起來也容易得多。

唯一識別碼

唯一識別碼（unique identifier）正是它所聽起來的樣子：把實體唯一識別出來的東西，以免跟其他的實體有任何混淆。唯一識別碼通常是名稱或地址。而且事實上，在討論唯一識別碼時，二者間的區別往往會打破。

以白宮的地址為例：

賓夕法尼亞大道 1600 號，西北區
華盛頓哥倫比亞特區，20500

　　華盛頓哥倫比亞特區是最大的地理區，然後是郵遞區號，然後是街名，然後是街上的建物號碼。要把單一的建物唯一識別出來，這個地址就足夠了：華盛頓哥倫比亞特區只有一條西北區賓夕法尼亞大道（雖然有南區賓夕法尼亞大道），而且西北區賓夕法尼亞大道只有一個 1600 號。它或許顯而易見，但值得指出來的是，這就是郵寄地址系統的整個重點：把建物唯一識別出來。

　　許多編碼體系存在，就是為了替特定類型的資源創造唯一識別碼：書的國際標準書號和索書號、線上出版的數位物件識別碼（Digital Object Identifier，DOI）、錄音資料的國際標準錄音錄影資料代碼（International Standard Recording Code，ISRC）、實體空間點位的 GPS（Global Positioning System，衛星定位）座標、日期與時間的 ISO 8601、美國公民的社會安全號碼（Social Security number）。甚至有系統是為了替學術研究人員創造唯一識別碼，叫做開放型研究者與投稿者識別碼（Open Researcher and Contributor ID，ORCID）。

能把線上實體唯一識別出來尤其重要，理由有二。第一，能用來存取線上物件的科技有很多。超文本傳輸協定（The Hypertext Transfer Protocol，HTTP）已衍生為線上交換資料的標準協定，但情況並非向來都是如此。甚至到了今天，網路瀏覽器應用程式仍有很多，而且重要的是，當你把統一資源定位符（Uniform Resource Locator，URL）輸入 Chrome 時，它會帶你去的網頁，就跟把它輸入 Safari 或 Firefox 時相同。第二，例如假如組織的伺服器基礎結構改變，要移動網路上的物件就能頗為容易。所以至關重要的是要能指出，即使某些特有的網路內容改變了位置，它仍是相同的內容。

http://mitpress.mit.edu/books/metadata/

體系名稱　　　網域　　　　　路徑

【圖6】

完成這點的方法是運用統一資源識別碼。統一資源定位符是典型的網址，以及統一資源識別碼的類型。統一資源識別碼是在網路的網路空間中指定唯一識別碼，雖然你

第三章
描述性後設資料

標準就像是牙刷，每個人都認同它是好主意，卻沒人想要用其他任何人的。

　　——出自蓋提研究所穆莎·巴卡

　　在本章裡，我們要來探討可說是種類最簡單的後設資料，而且肯定是第一種受到廣泛發展的後設資料：描述性後設資料。為了做到這點，我們會深入探討，一套在設計上能描述等於是任何事物的描述性後設資料綱要：都柏林核心集。

都柏林核心集

　　或許就如各位所預期，都柏林核心集並不是以愛爾蘭的都柏林來命名。它反倒是以俄亥俄州的都柏林來命名，

是就在哥倫布外圍的城市。俄亥俄州的都柏林是國際線上圖書館電腦中心（Online Computer Library Center, Inc.）的總部，該非營利組織是在為資訊組織來發展和許可許多工具，而且在圖書館的市場上尤為要角。都柏林核心集為什麼要以國際線上圖書館電腦中心的總部所在城市來命名？要回答這個問題，信不信由你，我們需要回到全球資訊網的起源才行。

1993 年 11 月，美國國家超級運算應用中心（National Center for Supercomputing Applications，NCSA）推出了 1.0 版的 Mosaic。Mosaic 是第一款能在網際網路上，同時把文字和圖像檔都顯示出來的應用程式。這當然就是我們現在對網路所習慣看到的樣子。但在 Mosaic 推出前，在網際網路上存取檔案的工具一次只能顯示一個檔案。1993 年，文字和圖像並列顯示的功能使 Mosaic 成了「殺手級應用」，網路的普及有一大部分都是拜它所賜。在幾個月內，Mosaic 在全世界的用戶群就達到了成千上百萬，而來到 1995 年年初，網路和它至關重要的致能科技超文本傳輸協定（HTTP），在移動的資料量上便超越了其他所有網際網路型的服務（我們幾乎再也不會想到其他這些服務了，但在從前，FTP、Gopher、Telnet、WAIS 和其他現在聽來名

稱怪異的服務，在資料傳輸上可是非常風行的方式）。

　　1995 年 3 月，美國國家超級運算應用中心和國際線上圖書館電腦中心在俄亥俄州的都柏林，舉辦了僅限邀請的研討會，以討論網路的後設資料。當時谷歌還不存在，甚至還不是研究案。不過，既存的搜尋引擎有好幾家，雖然沒有一家在稱霸市場上大有斬獲。以當時來說，這些搜尋引擎算是有效，只不過按照現行的標準，就有點原始了。參加 1995 年研討會的電腦科學家和資訊科學家體認到，搜尋網路正變得「孤島化」，也就是沒有搜尋引擎是索引整個網路，而且搜尋引擎常常沒有為使用者，提供索引到名稱以外的檔案描述。更糟的是，有些工具（FTP、Gopher 等等）容許搜尋的，只有用這些協定來陳列的檔案。於是在 1995 年便舉辦研討會，「以便在網路式電子資訊物件上，帶動資源描述（或後設資料）紀錄的尖端發展」。

　　換句話說，研討會的共識在於，網路搜尋工具要持續有用，網路上的檔案就需要描述得更好（資訊檢索、網路分析和有關學門的後續發展，則開啟了對此的辯論。但這要以另外的專書來討論）。於是研討會的目標之一，就是要「在以一組核心的後設資料元素來描述網路資源上」達成共識。

一組核心的後設資料元素，來自俄亥俄州的都柏林。假如各位肯原諒，且把在本章開頭所引述的比喻，推到合乎邏輯卻令人厭惡的極端：都柏林核心集發展出來，就是要當成每個人的牙刷。

採用成本

都柏林核心後設資料元素集是創造來當成最小公分母。這並無貶意，它事實上是設計上的刻意決定：把事物稱為**核心**所連帶的假定是，它是每個人在所有使用案例上的核心。一群人逕自創造事物的核心集，對任何人都沒有好處，只會讓另外某群人判定那不是對的集合，並創造出他們自己的核心集。這只會導致標準叢生。

因此，假如目標是要創造事物的核心集，該集合就必須有魅力到讓每個人都會使用。為了成功，都柏林核心後設資料元素集就必須廣受採用，確切來說則是，對它可能有任何一種需求的每個人都加以採用。所以要怎麼創造出讓或有需要的每個人都採用的新工具？

幸運的是，學者對這個問題研究了幾十年。埃弗雷特‧羅吉斯（Everett Rogers）所寫的書《創新的擴散》

（*Diffusion of Innovations*），是社會科學中受引用最多的作品之一，並孕育出了整門學科。此書所發展出的模型在於，創新是如何、為什麼及多快受到採用而進入整體社會。此處的圖是在顯示，數種常見的家戶科技在採用率上的 S 形曲線。創新可能是科技（例如智慧型手機），也可能觀念（例如以洗手為策略來改善公共衛生）。羅吉斯和許多追隨他的研究人員，表述過好幾個會影響到採用或拒絕創新的因素。在眼前的脈絡中，其中一個重要的是**簡單**：為了受到採用，創新必須被認定用起來簡單。或者把這點反過來說：假如那些或許發現創新有用的人認定它太複雜，那這些潛在使用者永遠都不會變成實際使用者。

複雜會提高創新的採用成本。當然，成本所意謂的或許是財務成本，而新科技常常是相當貴。但它所意謂的或許也是其他類型的成本，好比說所耗費的時間或所承擔的風險。假如我要採用一項新又複雜的科技，就要花一些時間來學會使用，而攀爬那條學習曲線所花的時間，便是我的成本。想想看學開車：以學會把它做好八成要花的時間量來說（你對駕訓員所造成的壓力量八成也是），這非常耗成本。再者，新科技常常不穩定：當新的改良版推出時，新科技的早期採用者對較早期那版所砸下的時間和金

錢就泡湯了。想想數位視訊的媒體：早期採用者所採用的影碟完全遭到 DVD 淘汰，繼而遭到藍光光碟淘汰 …… 目前則全數處在遭到隨選串流媒體服務淘汰的過程中。

15 個元素

都柏林核心集是設計成簡單、低成本、易學和易用。意圖是要讓它因此廣受採用，並在網路上變得無所不在。這是非常遠大的目標，尤其是基於當都柏林核心集的作業展開時，網路有多新和演進得有多迅速。最了不起的容或就是它奏效了。

在 1995 年，國際線上圖書館電腦中心／國家超級運算應用中心的中，參與者著手發展了描述性後設資料元素的核心集，而能應用在網際網路的任何及所有資源上。搭配上簡單這個同樣遠大的目標，該目標所帶出的問題在於：有什麼描述性後設資料元素是絕對必要？在描述等於是任何存在或者或許曾存在於網路上的資源時，不能縮減的必要後設資料元素集是什麼？

都柏林核心後設資料元素集花了好幾年才穩定下來。但到了最後，衍生為核心的元素有 15 個：

【圖7】

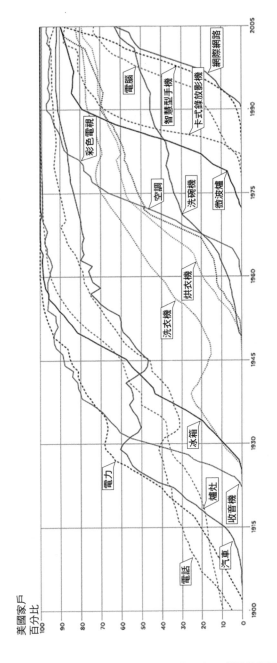

美國家戶
百分比

【表 3】

元素	定義
貢獻者	負責貢獻資源的實體。
時空涵蓋範圍	資源的空間或時間題目，資源的空間適用性，或是與資源相關的管轄權。
創作者	主要負責製作資源的實體。
日期	與資源生命週期中的事件相關的時點或期間。
描述	對資源的論述。
格式	資源的檔案格式、實體媒介或尺寸。
識別碼	在既定的脈絡內對資源的不籠統參照。
語言	資源的語言。
出版者	負責陳列資源的實體。
關聯	有關資源。
權利	關於在資源內外所保有權利的資訊。
來源	受描述資源所源自的有關資源。
主題	資源的題目。
題名	對資源所賦予的名稱。
類型	資源的性質或體裁。

　　要留意的是，都柏林核心集是發展來描述**線上**資源，但格式元素是在指稱「資源的實體媒介或尺寸」。顯而易見的是，實體媒介和尺寸都不適用於數位資源。但從描述網路上所存在的任何事物，到描述所存在的任何事物，這是很短的一步，就這樣。隨著都柏林核心後設資料元素集

演進，格式元素的範疇並沒有花很久就擴大成涵蓋了實體描述。都柏林核心後設資料元素集是創造來描述網路資源，但由於它是最小公分母，所以可說是小到足以也來描述實體資源。

元素和值

既然我們看到都柏林核心後設資料元素集，或可用來描述任何類型的資源，就需要再次來探討**元素**的觀念。以都柏林核心集來當成後設資料元素集意謂著什麼？

讓我們回到後設資料的操作定義上：

後設資料是關於潛在資訊物件的敘述

回想一下，資源或許等於是任何事物。能在實體上或電子化來指出的任何事物（畫作或是該畫作的數位檔），都被視為資源。

都柏林核心集的 15 個元素各是在列舉資源的屬性或特性，並使該屬性得以描述。換句話說，各元素都是對資源所能提出敘述的類目：本資源的創作者是 X，本資源的

【圖8】

題名是Y，依此類推。以這件為人所熟知的藝術作品為例。

關於本藝術品的第一則描述性敘述如下：本資源的題名是〈蒙娜麗莎〉。但在義大利文中並不叫做〈蒙娜麗莎〉；它叫做〈喬孔達〉（*La Gioconda*）。該用哪個題名才好？答案是：都用。在都柏林核心集的題名元素描述中，指定它是「對資源所賦予的名稱」……並沒有指定它是「專屬名稱」。下文中會進一步探討，以不同的值來自由重複相同的元素——對資源提出不只一筆的同一**種**敘述，但說的是不同的事。

這幅畫是依照畫的主題來命名，叫做〈喬孔達〉，為弗朗切斯科・德爾・喬孔多（Francesco del Giocondo）的妻子麗莎・蓋拉爾迪尼（Lisa Gherardini）。所以關於這幅畫的另一筆敘述如下：本資源的主題是麗莎・蓋拉爾迪尼。

還有另一筆關於本作品的敘述如下：本資源的畫家是李奧納多・達文西。當然，都柏林核心集裡並沒有畫家元素。不過，李奧納多・達文西肯定是對〈蒙娜麗莎〉「主要負責製作的實體」。既然都柏林核心集是設計來容許描述等於是任何的網路資源，在所描述事物的格式上就必須抱持著未知論才行。創作畫的人叫畫家；創作書的人叫作者，創作電影的人叫電影工作者，創作舞蹈的人叫編舞

家，依此類推。很多名稱是為了從事不同形式創作的個人而存在，而且這些名稱在自然的人類語言中富有意義。但這些意義上的細微差別，對最小公分母的描述無關緊要。都柏林核心集就是要把所有這些形式的創作，分解成一個單一類目：創作者。語意學是跨域共享的事實——把意義上的細微差別給扁平化，使元素的定義盡可能不籠統——既是都柏林核心集最大的優點之一，也是最嚴重的限制之一。

最後，一般公認李奧納多‧達文西是在 1503 到 1506 年間，畫出了〈蒙娜麗莎〉。所以現在可以對本資源提出五筆敘述，五項組成都柏林核心集紀錄的元素－值配對：

題名：蒙娜麗莎
題名：喬孔達
創作者：李奧納多‧達文西
主題：麗莎‧蓋拉爾迪尼
日期：1503－1506 年

都柏林核心集就像是許多後設資料綱要，包括了值的挑選或建構規則。例如日期元素的推薦最佳做法是，使用

好比說 ISO 8601 的編碼體系。主題元素的推薦最佳做法是，從控制詞彙中來挑選值；格式元素的推薦最佳做法是，特別從多用途網際網路郵件擴展（MIME）類型的控制詞彙中來挑選值。識別碼元素的推薦最佳做法是，使用符合正式唯一識別碼系統的值；關聯和來源元素的推薦最佳做法是，使用唯一識別碼來識別有關資源。創作者元素並沒有推薦最佳做法，只不過在實務上常會使用名稱權威檔。

描述性紀錄

都柏林核心集紀錄是在描述資源。描述性後設資料紀錄所能歸諸的目的有好幾個。但其中一個最重要的就是，在第一章討論過的資源探索。

資源探索工具是，一套讓使用者能（顯而易見）探索資源的科技：例如網路搜尋引擎或圖書館的卡片目錄。而且就是靠著後設資料紀錄中的元素－值配對，探索才變得可能。各個元素－值配對都是所謂的「存取點」：也可說是，透過探索工具來探索現成紀錄所描述資源的方式。例如假如你有興趣要找的藝術品叫做「蒙娜麗莎」，某筆後

語意學是跨域共享的事實——把意義上的細微差別給扁平化，使元素的定義盡可能清楚——既是都柏林核心集最大的優點之一，也是最嚴重的限制之一。

設資料紀錄就必須在**題名**元素裡包含〈蒙娜麗莎〉的值。假如你有興趣要找李奧納多・達文西的作品，某筆後設資料紀錄就必須包含該名稱，以當成為**創作者**元素所編定的值。

這是後設資料紀錄最重要的特性之一：它涵蓋了所有或許有用的元素－值配對。當然，「效用」是高度主觀：一位使用者或許有興趣要找的，是李奧納多・達文西的作品，而另一位使用者或許有興趣要找的，是義大利文藝復興時期的肖像畫；對這些使用者可能有用的元素－值配對，或許是相當不同。在創造後設資料紀錄時，至關重要的是要考慮到所有可能的使用案例，並涵蓋所有可能相關的元素－值配對。當然，對資源來說，好比說是〈蒙娜麗莎〉，這或許意謂著要以不同的值來重複元素：題名：〈蒙娜麗莎〉，題名：〈喬孔達〉，題名：〈鳩康地〉（*La Joconde*）。所以在都柏林核心集的紀錄中，所有的元素都能以不同的值來重複；也就是對資源或許提出不只一筆的同一**種**敘述，但說的是不同的事。

這枚特定硬幣的反面，是都柏林核心集後設資料紀錄的另一個重要特性：所有的元素都是選配。假如元素對資源無關緊要，那它就不會涵蓋在關於該資源的紀錄裡。例

如李奧納多‧達文西是說義大利語，但這其實與描述〈蒙娜麗莎〉本身並無相關。所以任何為了描述〈蒙娜麗莎〉所創造出的都柏林核心集後設資料紀錄，都能把語言元素加以省略。

好比說是藝術物品或數位檔的工藝品，普遍都會有創作者、題名、格式和日期。工藝品的特性或許是由創作者刻意為它來編定（例如題名），或是在創作過程中所固有（好比說格式），而且這些特性全都可被掌握在後設資料紀錄裡。另一方面，自然物件；也就是樹葉、岩石、昆蟲或任何不是由人類動因所創作出來的東西呢？在這種情況下，都柏林核心集的許多元素似乎就沒那麼言之成理。葉子沒有語言。岩石沒有創作日期，或者至少是可以知道的準確度，不像可以知道工藝品的創作日期那樣。昆蟲沒有創作者，或者至少是非引用神學不可，接下來則是所存在的每樣事物都會有相同的創作者，而從資源探索的立場來說，實際上並不是非常有用。都柏林核心集如果要成為最小公分母，使它能描述任何事物和每樣事物，不但所有的元素都要可重複，任何對紀錄無關緊要的元素或許也要省略掉。

修飾都柏林核心集

如上所述，都柏林核心集是發展來當成最小公分母的後設資料元素集。不過，最小公分母的問題在於，它有時候會太小。對某些使用案例來說，元素超過 15 個或許有必要。因此，都柏林核心集的元素集有三種方式可以擴展。

都柏林核心集的核心可說是上文所討論過的 15 個元素。但都柏林核心後設資料元素集還包括更大的一組**措詞**。其中併入了核心的 15 個，但還包括的措詞好比說是**修訂**（modified）（修訂的日期）、**有一部分**（hasPart；包括在所描述資源中的有關資源）、**是一部分**（isPartOf；以所描述資源為一部分的有關資源）、**對象**（audience；資源所訴求的人類或別的實體類目）和除此之外的其他許多。都柏林核心集措詞沒必要在此全數列出。重點是，連企圖要得到後設資料元素的核心集來描述任何資源時，著手發展都柏林核心集的人也體認到，最小的集合並不足夠，起碼是就某些用途來說。除了核心的 15 個元素外，都柏林核心集元素集的首批擴展，就是這 40 個措詞的集合。

擴展都柏林核心集的第二套機制，是使用**修飾語**（qualifier）。修飾語是特定屬於個別的元素，並且在指定對

元素更狹義的詮釋——精細化。例如想像一下辦公室之間的備忘錄：初稿是在 2014 年 12 月 1 日所寫，並編輯了二次，一次是在 3 日，一次是在 5 日。這份備忘錄進一步關係到 2015 年第一季，在此之前應加以管制，在此之後則無關緊要。撰寫初稿、二次編輯、管制和截止日期，這些全都是日期，所以可用都柏林核心集的日期元素來描述。但都柏林核心集的日期元素為非特定：「與資源生命週期中的事件相關的時點或期間。」要適用於這些更具體的日期類型，就需要更多的細節。這樣的細節則能靠對日期元素附加修飾語來達成，就像是這樣：

Date.Created ＝ 1 December 2014
（創作日期 ＝ 2014 年 12 月 1 日）
Date.Modified ＝ 3 December 2014
（修訂日期 ＝ 2014 年 12 月 3 日）
Date.Modified ＝ 5 December 2014
（修訂日期 ＝ 2014 年 12 月 5 日）
Date.Valid ＝ 1 January 2015–31 March 2015
（有效日期 ＝ 2015 年 1 月 1 日到 2015 年 3 月 31 日）

事實上，這些修飾語全都是以都柏林核心集措詞來存在：**創作**、**修訂**和**有效**。這些對日期元素的特定精細化，有用到成了都柏林核心集發展出來後首批發明的修飾語，並因此及時納進了都柏林核心集的措詞集裡。這就是都柏林核心集措詞的發展史；也就是既存元素的修飾語，以及為特定使用案例所發展出的新元素，經證明是風行而有用的，便納進措詞集裡。其中一些使用案例包括版本控制（所提供的措詞為**替換**〔replaces〕和**替換成**〔isReplacedBy〕）、**教育**（對象、教育程度〔educationLevel〕、**教學方法**〔instructionalMethod〕）和**智慧財產**（許可〔license〕、**權利持有人**〔rightsHolder〕、**存取權**〔accessRights〕）。於是都柏林核心集的措詞集便隨時在演進。

　　能有這樣的演進，靠的是所有的都柏林核心集措詞，以及元素和修飾語，都必須根據都柏林核心抽象模型（Dublin Core Abstract Model）來建構。抽象模型是主題－述語－物件敘述的資料模型，以指定這些主題、述語和物件背後的概念，以及這些或可如何組合成圖。這個邏輯模型是奠基於，第六章會討論到的資源描述架構（Resource Description Framework，RDF）。

命名巧妙的達爾文核心集（Darwin Core），為並（還？）未納進都柏林核心集措詞集裡的使用案例，提供了例子。達爾文核心集是在提供描述性生物多樣性資訊的後設資料綱要。達爾文核心集所包括的元素，好比說建立在都柏林核心集措詞**位置**（location）上的**洲**（continent）、**國家**（country）、**島嶼**（island）和**水域**（waterBody），以及屬於特定界域的元素，好比說**界**（kingdom）和**門**（phylum）達爾文核心集元素是根據都柏林核心集的抽象模型所建構，因此可以納進都柏林核心集裡；而究竟會不會的問題，或許要端看這些元素有沒有足夠廣泛的適用性，來使涵蓋成立。

　　最後，擴展都柏林核心集的第三套機制是，用第二章所討論到的編碼體系，來為元素釐清對值的詮釋。例如假如我們要依照 ISO 8601，來為備忘錄的日期後設資料編碼，它就會長得像這樣：

Created ＝ 2014 − 12 − 01
（創作＝ 2014 年 12 月 1 日）
Modified ＝ 2014 − 12 − 03
（修訂＝ 2014 年 12 月 3 日）

Modified = 2014 – 12 – 05

（修訂＝ 2014 年 12 月 5 日）

Valid = 2015 – 01 – 01/2015 – 03 – 31

（有效＝ 2015 年 1 月 1 日／ 2015 年 3 月 31 日）

編碼體系的使用也納進了都柏林核心集的措詞集裡。如上文所討論，許多都柏林核心集元素（以及許多措詞）的推薦最佳做法，都是用特定的控制詞彙或語法編碼體系來挑選或建構值。

網頁中的後設資料

線上物件最常見的類型容或是網頁：主要是由文字所組成的文件，只不過其中常內嵌了圖像、視訊或其他媒體，並以超文本標記語言（HyperText Markup Language，HTML），編碼成在瀏覽器中顯示。就跟其他任何東西一樣，網路上的文件或許會把後設資料包含在自身內，或者關於網路文件的後設資料或許會保存在別的地方。

碰巧的是，從第二版的規格在 1995 年首次發布以來，HTML 就包含了使後設資料能內嵌到網頁中的功能。

<meta>（後設）元素是 <head>（表頭）元素的子代，換句話說，它是包含在網頁的表頭區塊內。表頭區塊包含了各式各樣關於網頁的後設資料，包括文件題名和樣式表資訊。接下來，<meta> 元素包含了沒有另外指定在 <head> 的其他子代元素中，關於網頁的後設資料。換句話說，<meta> 是大量的雜項。

　　<meta> 標籤有好幾個屬性，但在此相關的只有二個：**名稱**（name），與後設資料元素相當，以及**內容**（content），為該元素所編定的值。在 HTML5 中，**名稱**的標準值有五個：作者（author，不言自明）、描述（description，也是不言自明）、產生器（generator，創造網頁的應用程式）、應用程式名稱（application-name，網頁所屬的網路服務名稱，假如有），以及關鍵字（keywords，標籤或非控制詞彙措詞）。於是假如把本章的網頁創造出來，後設資料或許會長得像這樣：

　　< meta name="author" content="Jeffrey Pomerantz" >（後設名稱 =「作者」內容 =「傑福瑞・彭蒙藍茲」）

　　< meta name="description" content="Chapter 3 of the book Metadata, published by MIT Press" >（後設名稱 =

「描述」內容 =「書籍《Metadata 後設資料》第三章，麻省理工學院出版社出版」）

< meta name="keywords" content="metadata, Dublin Core, Darwin Core, unique identifiers, meta tag, ISO 8601, Essential Knowledge Series" >（後設名稱 = 「關鍵字詞」內容 = 「metadata，都柏林核心集，達爾文核心集，唯一識別碼，後設標籤，ISO 8601，通識系列」）

作者、描述、產生器、應用程式名稱和關鍵字詞是，HTML5 的規格文件對**名稱**正式認可的值。不過，**名稱屬性**或可編定任何的值 ...... 有可能乾脆就自訂。

當然，我們已熟知自訂值的問題：特異到沒人知道你在說什麼，就像是 Goodreads 的使用者把《銀河便車指南》標示為 xxe。幸運的是，在令人費解和限定只有五個選擇之間有中間地帶，而且這個中間地帶是輸入事先存在的後設資料綱要。例如都柏林核心集在 <meta> 元素中使用頻繁，所以都柏林核心集的元素便成了名稱屬性的值，為元素所編定的值則成了內容的值。如果繼續使用相同的例子，本章網頁的後設資料或許會長得像這樣：

< meta name="dc.creator" content="Jeffrey Pomerantz" >
（後設名稱＝「都柏林核心集.創作者」內容＝「傑福瑞・彭蒙藍茲」）

< meta name="dc.description" content="chapter 3 of the book Metadata" >（後設名稱＝「都柏林核心集.描述」內容＝「書籍《Metadata 後設資料》第三章」）

< meta name="dc.publisher" content="MIT Press" >（後設名稱＝「都柏林核心集.出版者」內容＝「麻省理工學院出版社」）

<meta name="dc.language" content="en" scheme="ISO 639" >（後設名稱＝「都柏林核心集.語言」內容＝「英文」體系＝「ISO 639」）

< meta name="dc.identifier" content ="978-0-262-52851-1" scheme="ISBN" >（後設名稱＝「都柏林核心集.識別碼」內容＝「978-0-262-52851-1」體系＝「ISBN」）

< meta name="dcterms.dateCopyrighted" content ="2015" scheme="ISO 8601" >（後設名稱＝「都柏林核心集措詞.日期版權」內容＝「2015 年」體系＝「ISO 8601」）

< meta name="dcterms.bibliographicCitation" content

="Pomerantz, J. (2015). Metadata. Cambridge, MA: The MIT Press." >（後設名稱＝「都柏林核心集措詞・書目引文」內容 ＝「傑福瑞・彭蒙藍茲（2015 年）。《Metadata 後設資料》。麻州劍橋：麻省理工學院出版社。」）

總之，來自任何綱要的元素和來自任何編碼體系的值，或許都會逕自內嵌在 HTML 文件裡。這肯定看來像是實現了 1995 年的研討會，在催生都柏林核心集時的目標：為線上資源帶動尖端的描述性後設資料。我們可以宣告勝利並往前進了。對吧？

搜尋引擎優化

錯。

由於**名稱**和**內容**的值可以唯一為個別的網頁來發明，所以不幸的是，HTML <meta> 標籤相當容易濫用……並已遭到濫用。「關鍵字詞堆砌」（keyword stuffing）在過往是，頗為常見的「黑帽」（也就是不符倫理的）搜尋引擎優化策略。搜尋引擎優化是一組策略，不斷隨著網路搜尋引

擎的科技演進而演進，以增進一己的網站在搜尋引擎結果清單上的能見度。普遍來說，某站登上的結果清單愈多，而且愈靠近清單的頂端，搜尋引擎的使用者就愈可能造訪該站。正當的搜尋引擎優化策略當然有很多，但關鍵字詞堆砌並非其中之一。關鍵字詞堆砌是，在網頁的後設標籤中使用許多無關緊要的措詞，好讓搜尋引擎在檢索該網頁時，盡可能多搜尋幾次。關鍵字詞堆砌遍布的結果就是，谷歌和其他大部分的搜尋引擎在 2000 年代中期開始，乾脆忽略掉網頁中的後設標籤（meta tags）。

到了比較近期，谷歌和八成是其他大部分的搜尋引擎，則開始再次使用後設標籤，只不過是以有限的方式。對於任何與後設標籤中的關鍵字相關的內容（換句話說就是任何像這樣的標籤：< meta name="keywords" content="..." >〔後設名稱 =「關鍵字詞」內容 =「......」〕），谷歌仍會加以忽略。但谷歌的確會使用與描述相關的內容：在顯示結果清單來回應搜尋時，谷歌或許會用後設標籤中的描述，來當成為網頁所顯示的摘要。

結語

以都柏林核心集來當成例子，要闡釋描述性後設資料的許多原則就很容易。不過，描述性後設資料縱使無所不在，都柏林核心集本身卻不是全都那麼廣受使用。但發展都柏林核心集就是為了當成網路的後設資料核心。所以是哪裡出了錯？都柏林核心集失敗了嗎？

是也不是。凡是創造過網頁的人應該都很清楚，網路事實上並沒有後設資料核心。如上文所討論，1995 年，在俄亥俄州都柏林的國際線上圖書館電腦中心研討會中的想法是，描述性後設資料對於網路搜尋工具的成功不可或缺。改善全文搜尋，以及發展好比說谷歌等工具，來善用不只是文字，還有網路結構和網路的其他特色，後續都顯示出事實並非如此。

儘管如此，為了替網路發展後設資料，都柏林核心集是最早和最大規模的集中化努力之一，而為晚進許多的後設資料發展定了調。上文簡短提過的資源描述架構，比都柏林核心集抽象模型的發展要早，但都柏林核心集容或是首見的後設資料創舉，來實行資源描述架構的資料模型，於是所促進的觀念則是，後設資料的發展應該要是嚴格與

正式化的過程。隨著後設資料日益受到了解，為大規模協作案成功管理資訊資源的主軸，好比說美國數位公共圖書館（Digital Public Library of America）、歐洲數位圖書館（Europeana）和資料庫百科（dbpedia）的創舉，便發展了本身的後設資料綱要，但這些綱要都是仰賴都柏林核心集的元素集和措詞。以都柏林核心集來當成例子，要闡釋後設資料的許多原則就很容易，理由很簡單，這些原則就是由一開始發展都柏林核心集的團體所制定。

在本書通篇的其餘部分，我們會探討的後設資料綱要就是建立在這些原則上，即使並非擺明屬於都柏林核心集。尤其是描述性後設資料會在本書第七章再度亮相，以討論語意網和致能它的後設資料。

第四章
管理性後設資料

標準的優點就在於，可供選擇的有好多。

——海軍准將葛麗絲．霍普（Grace Hopper）

　　一圖或許值千字，但千字所值的並沒有後設資料紀錄來得多。千字大約相當於本書的二頁，看來不見得像是很多資料，但會產生的後設資料紀錄卻是異常豐富。這如此異常，以致那種分量的後設資料紀錄事實上是鮮少存在。後設資料紀錄的功能之一是當成物件的代理，而代理要有效，普遍來說就必須比初始物件來得簡單。

　　代理或可迎合各式各樣的目的。以後設資料紀錄來當成資源的代理，一個簡單與顯而易見的用途是當成探索的替身。在第三章，我們看了描述性後設資料，也就是後設資料純粹是在提供關於資源特性或屬性的描述性資訊。描述性後設資料紀錄的主要用途是資源探索。不過，探索並

不是關於資源特性或屬性的資訊或許有用的唯一理由；在告知資源的維護上，這樣的描述性後設資料或許也有用。關於資源來源、它的歷史、現狀和未來計畫的後設資料，或許會告知資源的「打理與投送」。

在本章裡，我們要來看管理性後設資料：後設資料綱要所提供的資訊，是關於資源的整個生命週期，資訊則或可用在資源的管理上。八成不用說的是，現存的管理性後設資料綱要有一大堆，所以我們能去看的自然只有一小塊：本章會探討的只有幾類常見物件的綱要。本章的目標並不是要為各位提供，管理性後設資料綱要在任何需求上的詳盡看法，而是要向各位介紹，以管理性後設資料為解決方案的使用案例範圍。

管理性後設資料是非常大的傘。它大到使某些文字，把某些類型的後設資料分離成了全然獨立的類別，在此則是視為管理性後設資料的次類目，特別是技術性和保存性後設資料。在此把這些視為管理性後設資料的次類目，是因為這些類型的後設資料在功能和用途上有大幅的重疊：例如保存性後設資料是在提供資訊來支援，在確保資源繼續逐時存在時所涉及的過程，而且這樣的打理與投送必定是管理的形式。權利後設資料所提供的資訊則或可用來控

制，由誰來存取資源、在什麼條件下，以及能拿它來做什麼，而且這樣的存取控制必定是管理的形式。

我們會從技術性後設資料開始，它容或是了解起來最簡單的管理性後設資料形態。技術性後設資料所提供的資訊，是關於系統如何運行，或是系統層次的資源細節。

技術性後設資料：數位攝影

數位攝影是技術性後設資料扮演的角色，最為人所熟知的局面之一，而且資料常常全屬自動創造。現代的數位相機和智慧型手機大部分都把豐富的後設資料紀錄，內嵌到照片的圖像檔裡。當圖像從相機下載，移到另一台電腦上，或是上傳到好比說 Flickr 或 Instagram 的照片分享站時，這些後設資料就會跟著檔案一起移動。

大部分的現代數位相機所用的後設資料綱要，都是可交換圖檔格式（Exchangeable image file format，Exif）。Exif 的紀錄包含了為數頗多的元素和值。這些是區分開來的三類。由製造商所設定且在裝置的使用壽命內都會一致的值，包括製造商（Manufacturer）和型號（Model）。使用者可組構的值，包括水平和垂直解析度（Resolution）及曝

光（Exposure）。會隨著照片逐一改變的值，則包括日期與時間（Date and time）、方位（風景或肖像）、閃光燈開不開，以及 GPS 座標。【圖 9】顯示了一些與上傳到 Flickr 的照片相關的可交換圖檔格式資料。

這些後設資料全都是在數位照片創造出來的當下所產出，並內嵌到圖像檔中，拿相機的人什麼則都不需要做。購買數位相機後，拍照者八成會設定內部時脈，而且八成會改變照片在不同條件下的曝光或解析度。但大部分的隨意拍照者有可能甚至不曉得這些後設資料的存在，因為它是在數位物件本身創造出來的當下，就自動而無形地創造出來。

有好幾個現存的軟體應用程式和網站，容許你去檢視和編輯 Exif 資料。好比說 iPhoto 和 Adobe Photoshop 的圖像管理與處理應用程式，以及好比說 Flickr 和 Instagram 的照片存放服務，都會顯示 Exif 資料。有網站和網路瀏覽器的外掛程式，會把圖像的這些後設資料揭露在網路上。第三方服務也能從數位圖像中提取這些後設資料，來以各式各樣的方式利用。**我知道你的貓住哪裡**（I Know Where Your Cat Lives）計畫（iknowwhereyourcatlives.com），是利用內嵌在 Exif 紀錄裡的 GPS 資料，把網路式照片存放服務

中的貓照片，定位在世界地圖上；**照片合成**（Photosynth）計畫（photosynth.net）則使這點更進一步，把在相同位置附近所拍的多張照片，拼接在一起來形成全景觀看。

　　當然，Exif 紀錄只是技術性後設資料的一種形式，此外則是特定屬於一類資源──數位圖像檔。所有的數位檔案在創造和修訂時，技術性後設資料經常會自動產出。例如我是在 Microsoft Word 裡寫本章，而檢視本檔案的通性，就能看到本檔案首次創造出來的日期與時間（約莫六個月前）、本檔案上次儲蓄修訂的日期與時間（約莫一分鐘前）、本檔案開啟來編輯的分鐘數（比我情願坦承的要多），以及除此之外的其他許多技術性後設資料片段。

　　即使這些資料沒有內嵌在這份 Word 文件裡，從我電腦的檔案系統中也可能提取出一些。所有的電腦作業系統都會顯示一些，關於檔案在電腦上的技術性後設資料：創造的日期與時間、上次修訂的日期與時間、檔案大小。UNIX 作業系統則更進一步，會顯示關於檔案存取權限的資訊：下文中會討論的權利後設資料。技術性後設資料所掌握的資訊是關於資源的特性，因而跟描述性後設資料有大幅的重疊：例如檔案的大小和類型，或可視為描述性或技術性後設資料，端看脈絡而定。不過，技術性後設資料

Canon EOS
Digital Rebel XTi

 f/20.0   10.0 mm

⏱ 30   ISO 100

⚡ 閃光燈（關   ⓘ 隱藏 Exif
   閉，未開啟）

JPEG 檔案交換格式版本 -1.01

水平解析度 - 72 dpi

垂直解析度 - 72 dpi

觀看條件光源 - 19.6445
20.3718 16.8089

觀看條件環繞 - 3.92889
4.07439 3.36179

觀看條件光源類型 D50

量測觀測器 - CIE 1931

量測底墊 - 0 0 0

量測幾何——未知（0）

量測耀光 - 0.999%

量測光源 - D50

型號——佳能

方位——水平（正常）

日期與時間（修訂）
2012:06:04 15:53:38

ISO 速度 - 100

Exif 版本 - 0221

日期與時間（初始）
2012:.6:04: 15:53:38

日期時間（數位）
2012:06:04: 15:53:38

元件組態 - -, -, -, Y

曝光偏移 - 0 EV

測光模式——平均

Flashpix 版本 - 0100

色彩空間 - sRGB

焦平面水平解析度
4433.295455

焦平面垂直解析度
4453.608696

焦平面解析度單位——吋

自訂成像——正常

曝光模式——手動

白平衡——手動

場景捕捉類型——標準

相機識別碼 - 68

相機類型 -Digital SLR

【圖9】

所掌握資源的特性，則是不必靠人為判斷來識別的那些，而容許技術性後設資料靠軟體來自動掌握。隨著機器處理數位檔的演算法改良，資源的特性有可能自動受到掌握的數目和類型，自然就會愈多。

結構性後設資料：MPEG-21

假如數位攝影是技術性後設資料扮演的角色中，最為人所熟知的局面之一，那數位視訊就是結構性後設資料扮演的角色中，最為人所熟知的局面之一。MPEG-21 是來自國際標準組織（International Organization for Standardization，ISO）定義開放架構的標準，使應用程式能據以建立來服務和顯示多媒體檔。MPEG-21 標準的中心是**數位項目**（digital item），屬於結構化的數位物件，或可包括視訊、圖像、音軌或其他資源，加上對這些資源的關係加以描述的資料。

數位項目宣告語言（Digital Item Declaration Language，DIDL）是在描述，一組對數位項目加以描述的措詞與概念。其中的**容器**（container）或許會包含若干子代實體，包括描述符、項目和其他容器。**項目**（Item）是或可經由

多媒體播放器應用程式，來對使用者顯示的數位項目；項目或許會包含子項目（一如音樂專輯會包含單曲）、描述符和條件。**描述符**（Descriptor）是關於容器或項目的描述性後設資料。**條件**（Condition）是在定義，在顯示檔案前，多媒體播放器必須執行的測試（例如要顯示的檔案格式是什麼）。數位項目宣告語言還包括了其他許多元素，來共同判定多媒體物件的內容，以及它在諸多的軟體和權利環境中會如何顯示。

結構性後設資料所掌握的資訊是關於資源的組織。非常簡單的結構性後設資料紀錄或許就是描述書籍，所提供的資訊則是關於章次順序和各章內的節次順序。MPEG-21 紀錄是在提供關於多媒體檔的類似資訊：哪些數位項目必須以什麼順序來播放，哪個音軌必須搭配哪個視訊項目來播放等等。

出處後設資料

數位檔很容易複製。加以拷貝是輕而易舉，而且儲存空間很便宜。確切來說，拷貝容易到使整個科技堆疊等於是少了它就無法運作：例如每次在檢視網路上的資源時，

瀏覽器就會對該資源加以拷貝。用經濟的措詞來說,數位資源的邊際生產成本近乎於零。因為如此,比起在它容或曾經待過的實體世界,複製起來要耗時與昂貴得多,於是關於資源出處的資料在線上世界就更形重要。

根據全球資訊網協會(W3C)的出處育成小組(Provenance Incubator Group),資源的出處是「以紀錄來描述生產和交付,或在其他方面影響該資源時,所涉及的實體和過程」。換句話說,出處所意謂的不單是資源的歷史,還有該資源與其他影響到其歷史的實體間的關係。

在 2007 年所推出名為維基掃描器(WikiScanner)的工具是在識別,負責對任何指定的維基百科文章加以編輯的個人和組織。維基掃描器是在掌握維基百科文章的歷史,以 Whois 服務(可說是網際網路的反向電話簿,容許人去查詢 IP 位址是註冊給誰)來交叉檢查歷史中的 IP 位址,並把該清單顯示出來。應該不令人訝異的是,使用維基掃描器撈出了許多有爭議的編輯:關於百事的維基百科頁面,是由註冊給百事公司(Pepsi Corporation)的 IP 位址所編輯;關於艾克森瓦帝茲號(Exxon Valdez)漏油事件(譯注:1989 年發生在阿拉斯加灣)的維基百科頁面,是由註冊給艾克森美孚(ExxonMobil)的 IP 位址所編輯:關於澳

洲政治的維基百科頁面，是由註冊給澳洲總理暨內閣部的 IP 位址所編輯，其他的還很多。這些編輯容或是無比正當，畢竟誰會比百事還懂這家公司？但去調查一下顯然也成立。

可惜維基掃描器現在廢掉了（雖然名為維基看門狗〔WikiWatchdog〕的新服務複製了很多相同的功能）。但維基掃描器短暫的幸福日子所凸顯出的是，關於資源出處的資料為什麼絕對是至關重要。電子化資源既容易複製又容易編輯，有的（像是維基）則比別的還容易。維基掃描器大大彰顯出，知道線上資源的歷史屬於必要但並不充分；要能信任資源的效度與信度，知道什麼實體影響過那段歷史也屬必要。

假如後設資料是關於資源的敘述，這所點出的問題就是，提出敘述的是誰。後設資料是某人對某事所提出的聲稱。不過，這樣的聲稱有多值得信賴、可靠或準確呢？網際網路是很大的地方，對於創造出或在其他方面影響到資源歷史的實體，要每件事都知道並不可能。出處後設資料的機制就是在提供關於這些實體的資料，以及它跟資源與其他實體的關係。總之，出處後設資料是把資源放置在社群網路中的方式，以提供使用者在評估資源時或許會需要

的脈絡。在網際網路非常大的網路空間裡，出處後設資料是在代理關於實體較為直接與第一手的知識，以便能告知使用者關於資源是否值得信賴的決定。

目前存在著好幾種出處後設資料綱要；出處還沒有衍生出，在其他的界域和其他的使用案例中所發生的標準化（使用普遍的都柏林核心集、藝術物品的蓋提索引典、數位圖像的 Exif 等等）。這些出處綱要共有許多的特性：它們全都是由針對資源或影響它的實體，來識別特性的元素集所組成，而且全都把資源和實體間的關係加以分類。全球資訊網協會為制訂出處資料模型所下的工夫，就把這點闡釋得挺好。這個資料模型中的三道「核心結構」，是**實體**（entity）、**作用者**（agent）和**活動**（activity），與全球資訊網協會出處育成小組的定義一致：實體是資源，作用者是對該資源的生命週期有所影響的實體，活動是該影響的性質。實體或許是**源自於**其他的實體，或**歸因於**作用者；實體或許是由活動**所產出**或**用於其中**；依以類推。

全球資訊網協會下了大量出色的工夫來制訂所推薦的出處標準。這些工夫有很多納進了典藏性後設資料實行策略（Preservation Metadata Implementation Strategies，PREMIS）的發展中，以更廣泛的綱要來掌握關於資源保

存的後設資料。

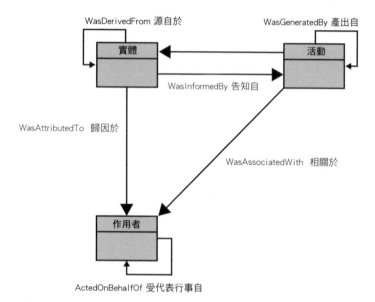

【圖10】

保存性後設資料：PREMIS

　　在支援保存上發展最完備的後設資料綱要，容或是國
會圖書館的另一項標準：保存性後設資料實行策略。發展
PREMIS，是為了在保存數位物件上當成後設資料元素的
核心集。在此使用「核心」這個詞，所意謂的是都柏林核

假如 metadata 是關於資源的敘述，這所點出的問題就是，提出敘述的是誰。

心集的意義：在掌握關於數位物件要如何逐時保存的資料上，PREMIS 元素集意在當成必要的最低限度。

根據 PREMIS 的記載，保存性後設資料是「典藏處用來支援數位保存過程的資訊」。典藏處（repository）的定義落得稍嫌籠統，但可以了解為對長期管理的資源加以線上收藏。典藏處用來支援數位保存過程的資訊，有好幾個類目：可存續性（viability）、可渲染性（renderability）、可了解性（understandability）、真切度（authenticity）和身分識別（identity）。換句話說，典藏處必須確保數位物件持續逐時存在，依舊可能顯示與使用，而且在對比拷貝或修訂版本時，能把初始或正規版本給識別出來。

PREMIS 的資料模型定義了四項對保存過程重要的實體：**物件**（objects；數位資源，或為抽象的智慧實體，好比說對〈蒙娜麗莎〉的代表加以收藏，或者是特定的資源，好比說〈蒙娜麗莎〉的特定數位照片）、**作用者**（agents；或可影響到物件的人或組織）、**事件**（events；作用者對物件所執行的時間戳記行動）和**權利聲明**（rights statements；也就是權限，例如智慧財產權）。其中各項實體都包含一組**語意單元**（semantic unit），在其他的後設資料綱要中則叫做元素。

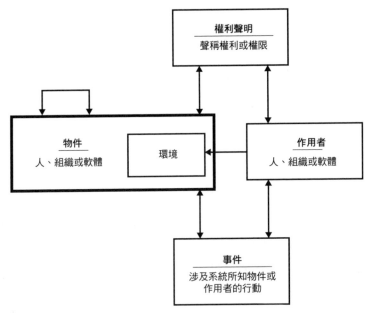

【圖11】

　　PREMIS 是在為這四項實體指定為數眾多的語意
單元。物件的語意單元包括了一些為人所熟知的，
好比說**大小**（size）、**格式**（format）和**創造應用程式**
（creatingApplication）；也包括了一些則較不為人所熟知
的，好比說**顯著通性**（significantProperties），夠重要而要
保存下來的資源特性）和**保存程度**（preservationLevel，

要應用到物件上的保存功能）。其他的語意單元同樣為人所熟知：作用者的**名稱**（name）、**類型**（type）和**識別碼**（identifier）；活動的**日期**（date）、**描述**（description）和**識別碼**等等。PREMIS 也是在建議，要怎麼為某些語意單元來創造或挑選值，雖然這些建議常比都柏林核心集的「推薦最佳做法」更不具規範性：都柏林核心集是在推薦所使用的編碼架構，好比說日期元素的 ISO 8601，PREMIS 則純粹是在建議，**語意單元應用程式創造日期**（dateCreatedByApplication）的值「應該要使用結構化的形式」。不過在其他的領域，PREMIS 便遠比幾乎是其他任何的後設資料元素集，都要來得精確，以盡可能多提供細節來支援數位保存過程。例如回想一下，都柏林核心集格式元素的推薦最佳做法是，從多用途網際網路郵件擴展類型的控制詞彙中來挑選值。PREMIS 提出了這項相同的推薦，而關於這樣額外的特定度，與格式有關的語意單元實際上有九種，包括**格式名稱**（formatName）、**格式版本**（formatVersion）和**格式註冊**（formatRegistry）；完整格式規格的鏈結或唯一識別碼）。

權利後設資料

對於任何應對數位資源的創舉，版權的課題都事關重大，所以八成無可避免的是，後設資料綱要已發展出好幾種來掌握關於權利的資料。其中的第一種當然就是都柏林核心集。回想一下本書第三章，都柏林核心集的核心 15 元素之一就是**權利**，它的值應為「敘述與資源相關的諸多財產權」。修飾**權利**元素的都柏林核心集措詞還存在其餘三個：**許可**（法律文件）、**權利持有人**（個人或組織）和**存取權**（依照想必是在許可中所訂下的方針，權利持有人擁有什麼權利來存取資源）。都柏林核心集提供了為數最少的措詞，來掌握關於權利的資料，全都相當廣泛，對於要怎麼來挑選或建構值，並沒有推薦最佳做法。這便為以更豐富的綱要來宣告權利後設資料，留下了議論的餘地。

其中之一使用較廣的是創用 CC 權利表達語言（Creative Commons Rights Expression Language，CC REL）。創用 CC（Creative Commons）是使創意作品能加以共享的專案，所發展的標準化法定許可容許創作者，針對好幾項綁在一起的不同權利，選擇性地把其中一些納到「版權」的標目下，同時容許作品受到一些使用。為了達成這點，

創用 CC 無可避免必須把版權解析到細得不得了。結果就是，創用 CC 詳細表述了版權所涉及的實體與關係。創用 CC 權利表達語言的規格是在識別二類的通性：作品的通性和該作品許可的通性。作品通性包括**題名**（title）、**類型**（type）和**來源**（source），並直接援引自都柏林核心集。作品通性還包括初始的**屬性名稱**（attributionName），「在為修訂或重新配置作品賦予屬性時所引用的名稱」，以及**屬性統一資源定位符**（attributionURL），要為該屬性提供的統一資源定位符，唯一識別碼則更勝一籌。許可通性為如下：**准許**（permits）、**禁止**（prohibits）、**規定**（requires）、**管轄權**（jurisdiction），許可所適用的法定管轄權）和**法典**（legalCode）；許可的文字）。少數的控制詞彙則為這些通性提供了值：例如**准許**的可能值為**複製**（Reproduction）、**配置**（Distribution）和**衍生作品**（DerivativeWorks），而**商業用途**（CommercialUse）則是**禁止**的唯一可能值。創用 CC 把創用 CC 權利表達語言運用在其標準化法定許可中，甚至在網站上提供工具，來引導使用者把過程走一遍，以決定在好幾項許可中，最適合資源的有哪些。

在此要論及的最後權利後設資料綱要，是後設資料編碼與傳輸標準權利的權利宣告綱要（METSRights

Rights Declaration Schema），或稱權利宣告後設資料
（RightsDeclarationMD）。發展此綱要是為了擴展後設資
料編碼與傳輸標準（Metadata Encoding and Transmission
Standard，METS）；後設資料編碼與傳輸標準在下文中
會討論得更詳細。權利宣告後設資料有三個頂層元素：
權利宣告（RightsDeclaration；與資源相關的權利）、**權利**
持有人（RightsHolder；個人或組織）和**脈絡**（Context）
（描述權利持有人擁有什麼權利和在什麼情況下）。這些
頂層元素各有屬性：例如權利宣告的一項屬性是**權利類**
目（RightsCategory），或可填入的值是出自少數的控制詞
彙，包括版權、許可、公共界域等等。脈絡元素頗為複
雜，包括了好幾個屬性和子元素。脈絡的一個子元素是**權**
限（Permissions），也有少數相關的控制詞彙，所包括的值
好比說探索、顯示、拷貝、修訂和刪除。

版權是大而複雜的法律領域；因此，它適合以多重機
制來降低這樣的複雜性。此處的權利後設資料綱要全都
是企圖把版權的複雜性，降低為大小可管理的後設資料綱
要。對於這個問題，這些綱要都祭出了類似但稍有不同的
解決之道。如上所述，出處後設資料綱要的場域還在變
動，而不像是其他已衍生出標準的場域，好比說藝術和數

位圖像。版權的場域則位居其間：有多個權利後設資料綱要存在，這些綱要原則上多多少少或可互換，但在實務上已成為某些使用案例的標準。例如創用 CC 的許可就遍布在網路上，權利宣告後設資料則是運用得較為局限，是在後設資料編碼與傳輸標準所起源的圖書館與檔案庫圈。

METS

針對各式各樣的資源類型和使用案例，本章論及了好幾種後設資料綱要。但現在是時候來討論，把它們全部統轄起來的那種後設資料綱要，也就是後設資料編碼與傳輸標準（Metadata Encoding and Transmission Standard，METS）。

METS 發展出來是為了回應 2000 年代初，網路上來自圖書館、檔案庫、博物館和各類文化遺產機構的數位資源增加，以及這些資源的後設資料綱要連帶增加。在那時候，儲存數位資源的典藏處數目也有所增加：大學在發展刊物的機構典藏處，學科典藏處在大學之外興起（好比說 arxiv.org），文化遺產機構在為收藏發展數位圖書館，以及為了使機構能輕鬆打造機構典藏處和數位圖書館，而在發

展軟體（好比說 DSpace、eprints 和 Fedora）。為了應對這樣的內容與功能擴增，METS 就是在為關於資源的後設資料來提供標準的結構，以及確保後設資料能在典藏處之間交換。METS 是能為後設資料紀錄，創造所謂「文件」容器的後設資料綱要（如先前所討論，什麼會被視為資料和什麼是後設資料，多半事關你的觀點。METS 則把這個課題直接推上前線，因為 METS 文件內所包含的後設資料紀錄，必須被視為 METSmetadata 的資料，即 METS 文件物件的主題）。根據 METS 的記載，METS 文件是「記錄在內容的片段之間，以及在構成數位圖書館物件的內容和後設資料之間，所存在諸多關係的機制」。

METS 文件有七個部分：

1. **標頭**（Header）所包含的後設資料是關於 METS 文件本身，而不是關於文件中所描述的資源。換句話說，假如 METS 是關於後設資料紀錄的後設資料，METS 文件的標頭區塊就是，關於後設資料紀錄的後設資料的後設資料紀錄。標頭中的元素包括文件的創造日期、上次修訂的日期，以及與文件相關的作用者角色（創作者、編輯者、檔案保管員、智慧財產擁有者等等）。

2. 不令人訝異的是，**描述性後設資料**（Descriptive

metadata）區塊包含了描述性後設資料。就像是 PREMIS，
對於文件中所使用的描述性後設資料綱要是哪些，METS
是抱持著未知論，因為可選擇的有好多；事實上，METS
容許多個描述性後設資料區塊，所以可以用多個綱要來描
述單一資源。描述性區塊不為 METS 提供任何自有元素來
描述資源；所有的描述都是由其他綱要中的後設資料紀錄
來提供，要不是「包」在 METS 文件裡，就是從中鏈結出
來。不過，描述性區塊中所提供的元素，包括了「輸入」
到描述性區塊裡的後設資料紀錄類型、該紀錄的創造日
期、紀錄的大小，以及紀錄的唯一識別碼。

　　3. **管理性後設資料**（Administrative metadata）區塊是細
分成四個區塊，來容納四類不同的管理性後設資料：**技術性**
（technical）、**智慧財產權**（intellectual property rights）、**來源**
（source）和**出處**（provenance）後設資料。如同描述性區塊，
管理性區塊不提供任何自有元素來描述資源的管理，但容
許把其他管理性後設資料綱要中的紀錄，包在 METS 文件
裡，或是從中鏈結出來。

　　4. METS 對好幾個區塊採行了這種取向，容許把其他
綱要中的後設資料紀錄，要不是「包」在 METS 文件裡，
就是從中鏈結出來。二種取向各有利弊。當後設資料紀錄

是從 METS 文件鏈結出來時，留存細目的就是**檔案**（file）區塊。檔案區塊中的元素包括了在 METS 文件中，「元素」的唯一識別碼（也就是所鏈結的後設資料紀錄），以及該元素的創造日期、大小和多用途網際網路郵件擴展類型。

5. **結構性地圖**（structural map）區塊是在提供機制，來組織在檔案區塊中所識別出 METS 文件的元素，而且事實上是 METS 文件的唯一必備區塊。結構性地圖區塊中所提供最重要的元素，容或是結構的類型（type），對有實體結構的實體物件（例如必須依序分頁的書），或有邏輯結構的數位物件（例如要分軌的專輯），都加以容許或兼具。結構性地圖區塊中的其他元素則包括各區塊的標註和識別碼。

6. METS 文件的**結構性鏈結**（structural link）區塊簡單到不行：它純粹是在 METS 文件的不同區塊間來指定鏈結的機制。例如假如 METS 文件是在描述網頁，結構性鏈結區塊就是，在指定該網頁和其中所內嵌任何圖像檔之間的鏈結。

7. **行為**（Behavior）區塊是 METS 文件中或可代表這些行事規則的部分，靠的是把可執行軟體碼聯繫上 METS 文件中的其他元素。回想一下第二章，本體論是建立在索

引典上：本體論是一組實體和它們的關係，以及一組或為行事規則的規則。

結語

如本章開頭所述，管理性後設資料是非常大的傘，子類型很多，而且這些子類型各自常存在多個綱要。標準的優點就在於，可供選擇的有好多。

這表示說，管理性後設資料雖然有各種形式，卻只有一項功能：在資源的整個生命週期中，提供對管理它或為有用的資訊。不過既然資源形形色色，資源的生命週期與管理也是同等形形色色。

管理性後設資料和描述性後設資料綱要無可避免會有一些重疊，因為要是不先有一些關於資源的描述性資訊，要管理它就會很難，甚至是不可能。於是描述性綱要或許會包含管理性元素，管理性綱要卻必然非包含描述性元素不可。第五章探討後設資料綱要第三個廣泛的類目，所發揮的功能與描述性或管理性綱要都非常不同，那就是使用性後設資料（use metadata）。

第五章
使用性後設資料

　　你上次撥打的電話號碼數字是哪幾個？那次打電話時，你人在哪裡？你上次從亞馬遜（Amazon）買什麼？同一筆訂單裡的項目還有什麼？上次用自動提款機時，你領了多少錢，那台自動提款機是你所屬銀行網的一環嗎？你上次所瀏覽的 25 個網站是哪些？

　　對於你很可能會有的日常行為，這些全都是頗為簡單的問題，但其中一些八成讓你難以回答：記憶令人遺憾的一個奇怪之處在於，日常事項有時候就是最難記住的事。不過關於你的這些問題，其他人卻有可能來回答。如先前所討論，在國安局蒐集電話後設資料的脈絡中，你的電話業者會蒐集的資料，有你打出去和打給你的所有號碼，以及你的電話位置。從 1996 年起，我就在使用亞馬遜，假如很有心，我就能看到我每筆下訂的完整歷史。我無從存取我所有的自動提款機交易史，但我的銀行必定可以。對

於我上過的每個網站，我的瀏覽器和網際網路服務業者都有紀錄。而且既然我好幾年來都是用 Chrome 瀏覽器，對於我在那時候所上的每個網站，谷歌八成也有紀錄。

你或許會發現，這些資料蒐集全都有鬼；有很多人就會。不過，這是另一回合的課題：使用性後設資料的政治操作會在本書的最後一章來探討。不過，本章則要來探討使用性後設資料的各種類型後設資料。

「我們是靠後設資料來殺人。」

2014 年 4 月，在約翰霍普金斯大學（Johns Hopkins University）的「重新評估國安局」（Re-evaluating the NSA）小組辯論中，麥可・海登（Michael Hayden）將軍發表了這則令人大吃一驚的聲明。海登將軍曾**兼任**國家安全局和中央情報局的前局長，所以毋庸置疑，他知道自己在說什麼。

靠後設資料來致死怎麼有可能？雖然從**暗殺**（Assassinations）到**殭屍藝術**（Zombie art）的任何事，或可由藝術與建築索引典（Art & Architecture Thesaurus）來描述，但沒有人會憑控制詞彙來殺死任何人。

我們是靠 metadata
來殺人。

答案是，後設資料能大舉揭底。尤其是被稱為使用性後設資料的後設資料類型，掌握了大量關於個人和個人行為的資料。另外，使用性後設資料不但能揭露關於個人的資訊，還能提供關於社群網路，以及個人、地點和組織之間連結的豐富資料。人類是群居動物，所以在描述人時，幾乎無可避免到頭來就會是描述此人與他人的關係。從第二章非常簡短的一探網路分析中應該很清楚的就是，一旦開始討論關係，就是在討論網路。

　　遊戲「凱文・貝肯的六度分隔」（The Six Degrees of Kevin Bacon）提供了耍蠢但卻一目瞭然的例子。這個遊戲的目標是從任何一位演員開始，在六步以內把他連結到凱文・貝肯，步驟則是以在電影裡與誰同框來定義。例如馬科斯・斯萊克（Max Schreck，曾在 1922 年的默片《吸血鬼諾斯費拉圖》〔*Nosferatu*〕裡，扮演吸血鬼歐洛克伯爵〔Count Orlok〕）在《抵制》（*Boykott*）裡，跟沃夫岡・齊爾澤（Wolfgang Zilzer）同框，他在《愛到發燒》（*Lovesick*）裡，跟伊麗莎白・麥高文（Elizabeth McGovern）同框，她在《天下父母心》（*She's Having a Baby*）裡，跟凱文・貝肯同框，於是給馬科斯・斯萊克的貝肯數，便是低到令人訝異的「三」。遊戲「凱文・貝肯的六度分隔」顯而易見

是源自於**六度分隔理論**（Six Degrees of Separation），靠著同名的舞台劇和電影而聲名大噪，講的是世界上的任何人，都能透過不超過另外六個人來連結到其他任何人，只要你能識別出正確的六個（六度分隔理論受到史丹利・米爾格蘭（Stanley Milgram）在 1967 年的小世界實驗〔small world experiment〕所影響，它是社群網路首批的實證研究之一）。這個觀念的變體相當常見。另一個風行的例子是艾狄胥數，得名自協作與合著論文非常廣的數學家保羅・艾狄胥（Paul Erdős）。艾狄胥的合著者（有 511 人）具有的艾狄胥數是「一」，他們的合著者具有的艾狄胥數是「二」（9,267 人），依此類推。（好玩的是，保羅・艾狄胥具有的貝肯數是四，因為他是紀錄片《N 是數字》〔*N Is a Number*〕的受測者。不過，凱文・貝肯具有的艾狄胥數則是無限大，意謂著沒有連結，因為凱文・貝肯從來沒發表過數學論文。）

使「凱文・貝肯的六度分隔」和計算某人的艾狄胥數成為可能的圖，相當簡單：這些圖中的節點是演員或數學家，邊緣是「在電影裡同框」或「合著論文」。臉書採取了這個把社群網路大幅簡化的觀念，並以此來建立營業模式。臉書中的節點是人、地、事，邊緣是「好友」和「讚」，

於是就使臉書的社群圖稍微比貝肯或艾狄胥圖要來得複雜，但仍是現實的簡化版。

想像一下，社群圖實際上是企圖掌握人際關係在實體世界中的複雜性。節點仍會是人、地、事，但或許會各有類目：城市、歌曲、建物、食品，諸如此類。邊緣或許會有範圍廣泛的值：在人與人之間，你或許有好友、熟人、手足、父母、配偶、鄰居、同僚、雇主、員工等等；在人與地之間，你或許有居住、居住過、出生、工作、念過大學等等。可能性並非無限，但肯定是非常多，因為人類行為與關係的樣式非常多。

在建立社群網路，企圖把節點分類和標註邊緣時，企圖去詳盡掌握人、事和關係的每種樣式，八成會徒勞無功，因為它是太大的集合。至關重要的任務是要決定，就你企圖創造的網路而言，節點的重要類目和邊緣的標註是什麼。在「凱文‧貝肯的六度分隔」中，這些非常簡單，使任何人玩起遊戲來都很容易。臉書則稍微比較複雜，節點和邊緣的樣式較多。但臉書有軟體介面來對你呈現這些選項，還有幕後的演算法來為你管理網路。這些是臉書的重要特色，以及網路普遍的重點：網路愈複雜，在它的管理、尤其是分析上涉及運算，就愈至關重要。羅賓‧鄧

巴（Robin Dunbar）率先發現，靈長類腦部的大小與該物種平均社群團體的規模有相關性。依照這些發現，鄧巴提出就人類個體的社群圈而言，也就是人可以保持穩定社群關係，並了解每個人與其他每個人關係的人數，最大的規模約為 150。後來研究人員對此數目有所辯論，但估計不會比 250 要高出多少。總之，人類所能記住的社群網路頗大，只要我們是內嵌在那個網路裡，但要分析更大的網路或自身社群界以外的網路，就必須靠運算了。

這就帶我們回到了海登將軍。對於他所指稱的後設資料類型，我們在殺人時所靠的後設資料，正是這類關於個人及其所內嵌網路的資料。

關於這點的完整資訊很難取得。愛德華‧史諾登對媒體釋出了為數眾多，關於國安局監視計畫的機密文件，但即使如此，這些文件（在本文撰寫之際）並非全都很容易取得，來讓尋常百姓審視。話雖如此，對於情報圈在蒐集和使用其他來源的後設資料上，還是有可能統整出像樣的了解。

國安局所蒐集關於電話通聯的後設資料，是直接來自電話業者。如本書在一開頭所討論，這是相當多的後設資料：撥打者和接聽者的電話號碼，通聯的時間和長度，撥

打者和接聽者的位置等等。假如國安局有理由相信，特定的電話號碼是跟「涉嫌人」相關，就能去查詢電話後設資料的資料庫，以識別涉嫌電話所打過的號碼，以及那些電話所打過的號碼。

對任何自重的情報分析人員來說，光是誰打給誰當然並不足夠。但電話通聯網就是社群網路，能用來充實國安局想必也有維護的其他社群網路資料。這個社群網路中的實體（也就是節點）所包括的東西，像是電話號碼、電子郵件位址和 IP 位置，想必還有個人、地理位置，以及好比說銀行等組織。在史諾登案的故事裡，諸多新聞單位報導過這個網路中的邊緣所包括的關係，好比說**雇用、一同前往**和**發送論壇訊息**。你可以去想像邊緣的其他標註，好比說**通聯、寄電子郵件給、前往**和**造訪**

海登將軍說我們是靠後設資料來殺人時，所意謂的是什麼？就是這點：根據美國情報圈目前所規定的舉證責任，用關於社群網路和個人在其中的地位的後設資料，加上關於個人行動的後設資料，就對該個人採取軍事行動來提供夠多的成立資訊。

資料廢氣

一方面，這聽起來很嚇人。另一方面，這跟我們每天自願往來的很多組織並沒有不同。除了殺人的部分。

例如亞馬遜會蒐集大量關於使用者的後設資料。為了在亞馬遜上購買任何東西，你必須創造設定檔，最低限度要包括信用卡號和送貨地址。接著亞馬遜便會掌握關於你的額外資料：你買了什麼貨品、看了什麼貨品、所寫的任何評語等等。當然，這並非唯一屬於亞馬遜；所有的線上業者都會蒐集類似的資料類型。

把這種資料逐時加總起來，所能容許的推論會尖銳到令人大吃一驚。這點最有名的例子容或就是在以下這個案例中，塔吉特（Target）依照某顧客的購買模式來預測，她極有可能是懷孕了，便寄了有嬰兒相關貨品優惠券的傳單給她。要不是這位顧客原來是未成年人，而塔吉特卻郵寄傳單透露她懷孕了，這或許就只是很好的行銷策略。

隨著人從事一己的日常活動，所產生並因此能蒐集到的資料，常稱為**資料廢氣**（data exhaust）。這對它來說是好的措詞，因為**廢氣**一詞所掌握的觀念是，這種資料是其他過程的副產品。這種資料跟產生它的過程分開的事實，

就適合叫做後設資料，雖然跟本書通篇是如何使用該字詞比起來，這是稍有不同的定義。到此刻為止，後設資料 都是指刻意創造出來的資料；相反地，資料廢氣則是做其他的事所附帶產生的結果。

周邊資料

在使用線上資源時，資料純粹是使用這些資源所附帶產生的結果。這些資料常是以網路伺服器的紀錄檔為形式。網路伺服器所跑的軟體，普遍來說絕不會被使用者看到，所蒐集的資料則是關於伺服器所執行的全部作業。其中一類作業是應付伺服器上對文件的需索：例如提交網頁和內嵌在其中的圖像或其他媒體。這些**存取紀錄檔**包含了大量關於「用戶端」在需索時的資訊：需索的日期與時間、發出需索的應用程式（通常是網路瀏覽器的類型和版本）、用戶端的 IP 位址、甚至是使用者的身分，假如規定要登入。

網路伺服器的存取紀錄檔有用的是，使系統管理員能追蹤伺服器的使用和健全度，但限於描述性資料。因此，系統便日益設計成去蒐集，使用者在使用系統時的特定類

隨著人從事一己的日常活動，所產生並因此能蒐集到的資料，常稱為「資料廢氣」。

型資料。這類的使用資料變得日益重要的一個領域，就是線上教學與學習。

在關於學習資源的使用性後設資料上，周邊資料（paradata）是相對新的措詞。該措詞是在全國科學數位圖書館（National Science Digital Library，NSDL）的脈絡下所採用，藉以指稱的資料則是，關於使用者使用全國科學數位圖書館內的數位學習物件。全國科學數位圖書館當初是美國國家科學基金會（National Science Foundation）的專案，所蒐集的後設資料是，關於並鏈結高品質的線上教育資源，並以理工（STEM：科學〔Science〕、科技〔Technology〕、工程〔Engineering〕與數學〔Mathematics〕）。這些資源是橫跨網路來配置，所在的組織網站好比說是美國國家航空暨太空總署（National Aeronautics and Space Administration，NASA）、公共電視台（Public Broadcasting Service，PBS）、美國自然史博物館（American Museum of Natural History），以及肩負教育使命的其他多家。全國科學數位圖書館是入口，所提供的搜尋和瀏覽功能橫跨了這許多形形色色的收藏，讓使用者能輕易就找到理工教育的優質資源。

全國科學數位圖書館本身並不存放任何教育資源；所

有的資源都是存放在其他組織的網站上。全國科學數位圖書館全然是由描述性後設資料所組成，所關於的是教育資源和存放它的組織。不過除了這些後設資料，全國科學數位圖書館也蒐集關於使用這些資源的後設資料：有多常下載、推文、包括在其他收藏中、用於課程中、修訂和其他許多使用指標。在它關於周邊資料的記載中，全國科學數位圖書館表明，周邊資料意在補充而不是替代描述性後設資料。全國科學數位圖書館所存放的描述性後設資料是在輔助使用者搜尋和瀏覽教育資源；全國科學數位圖書館所蒐集的周邊資料是針對這些資源如何、為什麼及受到誰使用，然後把回饋提供給全國科學數位圖書館和參與的組織。

在本文撰寫之際，對於用「周邊資料」的措詞，來意指「關於教育資源的使用性後設資料」，全國科學數位圖書館似乎是唯一的組織。不過，全國科學數位圖書館肯定不是唯一蒐集周邊資料的組織。在過去幾年間，儀表板（dashboard）已成為把關於網站和其他線上系統的資料給呈現出來的常見工具。例如谷歌分析（Google Analytics）就是眾所周知的系統，在蒐集關於網站的詳細使用資料。「學習管理系統」是存放線上課程內容和討論的平台，有很多所蒐集的資料都是關於學生對教材的使用和上課進

度。例如此圖顯示了來自 MOOCs 的一些儀表板資料,就是關於作者透過 Coursera 所教授的後設資料。其他一些教育平台上的儀表板所呈現的使用者資料更是細膩,例如使教師能識別出或許是落後同學的個別學生,以及這些學生所遇到麻煩的特定課業。

把使用資料指稱為使用後設資料是頗新的發展,而且事實上是稍有問題。蒐集關於資源的使用資料當然是了無新意:網路伺服器軟體就包括了蒐集紀錄檔的功能,而且幾乎是跟網路伺服器存在得一樣久。在網路伺服器紀錄檔存在前,則有圖書館在蒐集書籍出借的資料,博物館在蒐

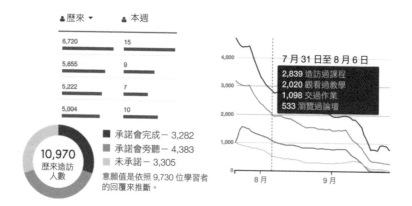

【圖12】

集人流出入展館的資料，雜貨店在蒐集受到購買的貨品是哪些，以及所連帶的其他貨品是哪些的資料等等。這些全都是使用資料的樣式，但沒有人把它指稱為使用**後設資料**。

這或許就是為什麼會編造出，好比說「資料廢氣」和「周邊資料」的措詞：以指稱使用資料，並同時表明這樣的資料是跟後設資料比較傳統的概念分開。「資料廢氣」是有用的措詞，但並未廣受使用，而「周邊資料」的措詞會不會逐漸廣受使用，則還不清楚。不過很清楚的是，使用性後設資料是很大與成長中的受矚題目，而且隨著發展出軟體，來掌握和分析樣式廣泛的使用性後設資料，我們目前正看到這個場域在迅速變化。隨著這樣的發展推進，對於使用性後設資料的措詞要清楚的需求就會有所增加：在網路伺服器的脈絡中，這些資料常稱為「紀錄檔」，在其他線上資源的脈絡中，它常稱為「分析」。而在還有其他服務的脈絡中，它則常簡稱為「資料」。

第六章
後設資料的致能科技

　　本章所要論及的科技，造就了許多在網路上使用的後設資料，並造就了幾乎是所有與網路有關的語意後設資料。到此刻為止，所討論到的只有已經存在的後設資料綱要。或許看似全然顯而易見的是，不管是用什麼綱要或索引典，不管後設資料紀錄是內嵌在資源中，還是在外部，該綱要或索引典都已經存在。在這一章，我們則會看到後設資料綱要一開始是如何創造出來。

　　本章所要討論的科技很複雜，理應比在此企圖要說明的長上許多。當然，提供這些較長說明的書和線上課輔有很多，其中一些就列在本書〈延伸閱讀〉。這一章會淺談這些科技，只就必要的範圍來探討，以解釋它們在創造後設資料綱要上的角色。

結構化資料

問：這是哪種訊息？

Lorem ipsum, Dolor sit amet, consectetur adipisicing elit, sed do eiusmod tempor incididunt ut labore et dolore magna aliqua. Ut enim ad minim veniam, quis nostrud exercitation ullamco laboris nisi ut aliquip ex ea commodo consequat. Duis aute irure dolor in reprehenderit in voluptate velit esse cillum dolore eu fugiat nulla pariatur.

答：無從得知；它不是以會傳達出任何實際意義的方式所寫成。對我們在此的目的更重要的是，它是呈現為一片無差別的文字，所以格式化並沒有帶給我們任何線索。

下一題：這是哪種訊息？

Lorem ipsum,

Dolor sit amet, consectetur adipisicing elit, sed do eiusmod tempor incididunt ut labore et dolore magna aliqua. Ut enim ad minim veniam, quis nostrud exercitation ullamco laboris nisi ut aliquip ex ea commodo consequat.

Duis aute,

答：字詞又是沒有意義。但它的格式暗示是信，頂端

是問候語，中間是信的文字，末尾是簽名。這則文字有可能會識別為信，因為它是以熟知的形式羅列在頁面上。

最後：這是哪種訊息？

Lorem: ipsum

Dolor: sit amet

Consectetur: adipisicing

Elit: sed do eiusmod tempor incididunt

Ut labore et dolore magna aliqua. Ut enim ad minim veniam, quis nostrud exercitation ullamco laboris nisi ut aliquip ex ea commodo consequat.

答：它的格式暗示為備忘錄或電子郵件，頂端是標頭（收件者、寄件者、日期和主旨），下方是電子郵件的文字。這則文字再次有可能會識別出來，因為它是以熟知的形式來羅列。

對於學過不同的寫作體裁，在頁面上是長得像怎樣的人類讀者來說，格式化很有用：由於熟知電子郵件訊息的體裁，我們在上面的第三則文字中，便會「看到」收件者、寄件者、日期和主旨行。軟體也能用格式化來自動檢測文字的體裁。換句話說，格式化是結構的形式，這特有形式的結構有助於我們識別文字的類目，連書寫本身沒有意義

時也是。

頁面上的文字有格式化的結構。在更深的層次上，則是語言本身有結構：不同的語言使用字母的頻率不同，不同的語言在字詞的順序上多多少少會有彈性，個別的寫作者在用字遣詞上會有不同的風格等等。於是書寫自然語言的任何片段都會有固有的結構。這當然就是為什麼語言翻譯的自動工具（例如谷歌翻譯〔Google Translate〕），以及風格研究（stylometry；即為作者分析，例如研判莎士比亞是不是特有書寫片段的作者），真的能管用。

當然，文字並非唯一有結構的東西。確切來說，所有的資料都是結構化。只有純隨機是非結構化，而接下來便有的主張是，純隨機是雜訊，壓根不算是資料。

自然語言中的文字也就是像這樣的書寫，意在供人類消費，是非結構化資料的典型例子。然而如剛才所討論，連自然語言的文字也有某種結構，好比說格式化和字母與字詞的統計分布。非結構化資料常有結構內嵌在其中，費點工夫就能揭露出來。網路分析已經討論過，而且拜好比說臉書和推特的服務所賜，了解到像社群網路這樣看似非結構化的東西，是有大量的固有結構，便很常見。尤其是網路，雖然或許是現存檔案最非結構化的典藏處，但放在

所有的資料都是結構化。

大尺度中就會顯示出結構。

　　任何及所有的資料都或可用結構化的方式來代表，資料庫就是藉此才能存在。資料庫容許把資料集分解為一組敘述，並儲存成一組為一組共有欄位所編定的值。這應該聽起來很耳熟。這些敘述事實上是跟主題－述語－物件敘述具有相同的結構：例如在關於藝術物品的資料集中，共有欄位或許包括題名、創作者和創作日期，而關於不同藝術物品的各筆個別紀錄，則會為這些欄位編定不同的值。這樣的表並不是資料庫，而是試算表，只不過為了可讀性，以試算表來代表資料庫常會比較容易。

　　代表資料庫的另一種方式是靠關聯。在關聯式資料庫中，欄位和一組表列值之間或可樹立關係，以控制能為該欄位編定的值是什麼。換句話說，欄位所指稱的表會成為控制詞彙，而為該欄位的儲存格所編定的值，或許只會編定自該控制詞彙。在確保資料品質上，關聯式資料庫格外有用：例如名稱權威檔會防止名稱拼錯，消弭掉不同的個人有相同名稱的籠統性等等。確保資料品質，是名稱權威檔的主要功能之一，以及名稱權威檔中的每個實體，為什麼都有唯一識別碼的主要理由之一。

題名	創作者	創作日期	收藏於
〈喬孔達〉	李奧納多·達文西	1503－1506	羅浮宮博物館（Musée du Louvre）
〈L.H.O.O.Q.〉	馬塞爾·杜象	1919	國立現代藝術博物館（Musée National d'Art Moderne）
〈鷹〉（Eagle）	亞歷山大·考爾德（Alexander Calder）	1971	西雅圖藝術博物館（Seattle Art Museum）

　　關乎資源探索的後設資料紀錄時，資料品質就是格外重要的課題。資源可能會因為資料不良而顯現為形同是無形：假如紀錄中的值跟使用者在搜尋時所採用的措詞不同，因為所用的稱謂不同，或者純粹是因為拼錯或別的差錯，那該使用者的搜尋就不見得會檢索到那筆紀錄，而且該使用者或許永遠都探索不到相關的資源。

　　後設資料的存在有部分是繫於結構化資料的存在。結構化資料在組織時，所根據的**資料模型**（data model）代表資料所描述實體的類型、這些實體的通性和它們之間的關係。這應該聽起來很耳熟。現存的資料模型有很多，但大部分後設資料工作的主軸資料模型都是資源描述架構。

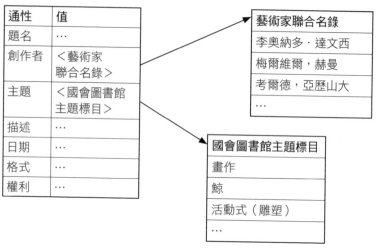

通性	值
題名	…
創作者	＜藝術家聯合名錄＞
主題	＜國會圖書館主題標目＞
描述	…
日期	…
格式	…
權利	…

藝術家聯合名錄
李奧納多‧達文西
梅爾維爾，赫曼
考爾德，亞歷山大
…

國會圖書館主題標目
畫作
鯨
活動式（雕塑）
…

【圖13】

資源描述架構

　　資源描述架構是對資源加以描述的架構。平心而論，這是套套邏輯（tautology）。但它實際上是比套套邏輯在通常要來得有用的定義。資源描述架構是資料模型：換句話說，它是架構，據以組織資料的邏輯結構。架構是在幹嘛？在描述資源。什麼資源？任何資源都行，只不過普遍來說，資源描述架構是用來描述網路上的資源。總之，資源描述架構是對實體提出描述性敘述的通用資料模型。

回想一下第二章所討論的主題－述語－物件三部式關係。這個三部式關係是資源描述架構的中心，並稱為**三元組**。一組資源描述架構三元組就是圖，如在第二章的非常簡短一探網路分析中所討論。

資源描述架構的重要特色是，三元組的主題**必須**由統一資源識別碼來識別，使它能在三元組中，或是由線上服務，不籠統地指稱出來。比方說弗雷德瑞克·芬奇（Frédéric D. Vinci）是羅浮宮雇用的攝影師，為〈蒙娜麗莎〉拍了數位照，而且該檔案是儲存在線上。代表這種關係的資源描述架構三元組會長得像是【圖15】。

芬奇先生或許自有識別碼，可當成在線上識別他的正規手段（例如他個人網站的統一資源定位符），而且這種關係會是另一個三元組。創作者當然是都柏林核心集的元素，因而在都柏林核心集的網站上會受到定義：另一個三元組。任何東西都可以是資源，而統一資源識別碼所識別的任何資源，都或可是三元組的主題。於是資源描述架構的三元組便可「鏈接起來」以形成圖。

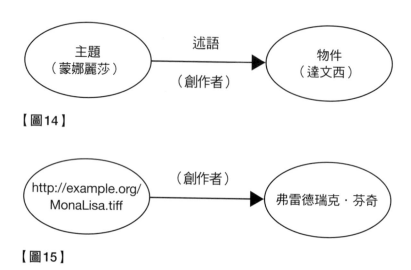

【圖14】

【圖15】

　　資源描述架構是對資源加以描述的架構。但在後設資料的場域中，受矚的資源和關係通常是落在狹窄的界域內：藝術物品、音樂、網路上的資源等等。資源描述架構是大部分的後設資料綱要據以建立起來的架構……並據以來定義在後設資料綱要的領域中所存在的實體類型，以及這些實體間的關係。

DCMI 抽象模型

　　例如在都柏林核心集的領域中所存在的實體類型，以

及這些實體間的關係，就是定義在以資源描述架構，來建立的都柏林核心後設資料組織抽象模型（Dublin Core Metadata Initiative Abstract Model）中。

　　DCMI 抽象模型是建立都柏林核心集後設資料綱要的架構，但它發展出來是為了應用更廣，而不是只有都柏林核心集。事實上，DCMI 抽象模型發展出來，是為了當成後設資料綱要的**通用**（universal）抽象模型。即使稱為**都柏林核心後設資料組織**抽象模型，它發展出來，卻是獨立在編碼實體和關係的任何特定語法或語意外。DCMI 抽象模型發展出來是為了當成通用模型：建立都柏林核心集的模型，以及或許是建立**任何**後設資料綱要的模型。

　　為什麼要發展通用的抽象模型？因為這麼做實際上會提高都柏林核心集的效用。回想一下，都柏林核心集的元素集是創造來當成最小公分母：用起來簡單到使人人不但能用，而且會去用。不過，簡單到這麼徹底的取捨則是，都柏林核心集並非在每個使用案例上都足夠。都柏林核心集的制訂者了解這點，並了解擴展都柏林核心集的能力對於它的成功屬於必要。修飾語便發展來當成擴展都柏林核心集的機制：使元素能精細化（日期.創作、日期.修訂等等），並發展全新的元素（來自達爾文核心集的元素洲、

國家、**島嶼**等等）。事實在於，都柏林核心集可以當成基礎來使用，而且使用通用的抽象模型就能輕易建立起來，便會促進都柏林核心集的使用，繼而促進當初發展都柏林核心集的成果：「以便在網路式電子資訊物件上，帶動資源描述（或後設資料）紀錄的尖端發展。」

當所有的綱要都認可相同類型的實體和關係存在時，以這種「模組」取向來發展後設資料綱要就有可能。以反例來說，都柏林核心集是，把**創作者**認可為主要負責創造資源的實體，全球資訊網協會的出處綱要則是，把**作用者**認可為在資源的生命週期中具有任何影響力的實體。這些實體不但有不同的名稱，概念化起來也有所不同且不相容。這是（哲學意義上）本體論的基本問題：當各方未認可宇宙中相同類目的實體時，溝通就會是挑戰。DCMI 抽象模型在根本上，就是把後設資料綱要的本體論給固定下來的機制。

DCMI 抽象模型是以為人所熟知的方式，來把後設資料綱要的本體論給固定下來。所描述的資源是資源描述架構三元組的主題（例如〈蒙娜麗莎〉）。所描述的資源是用通性－值配對來描述。通性－值配對是由正好一項通性和正好一個值所組成（例如創作者是李奧納多・達文西）。

值有二類：字義和非字義。非字義值是實體，而字義值是代表該實體的字符串（例如李奧納多‧達文西的名稱是代表非字義的字義值，該名稱所指的實際人物）。所描述的資源和非字義值都是資源。換句話說，任何可描述的實體都可以是資源描述架構三元組的主題。

DCMI 抽象模型還有的是：模型也是在描述後設資料紀錄是如何建構，唯一識別碼是如何代替實體，以及編碼體系是如何描述資源。但這張示意圖所足以傳達出的重點是，可建立任何後設資料綱要的通用模型，本身就是依照資源描述架構的邏輯來建立。資源描述架構是在表述三元組和三元組網路的結構。DCMI 抽象模型則對該結構探討得更詳細，但它會對該結構加以利用。

可擴展標記語言

這就是可擴展標記語言（XML）進入圖中之處。如上所述，DCMI 抽象模型是通用模型，並沒有指定任何特定的語法或語意，來為後設資料綱要中的實體和關係編碼。不過在實務上，許多後設資料綱要的語法和語意都是以可擴展標記語言來編碼。

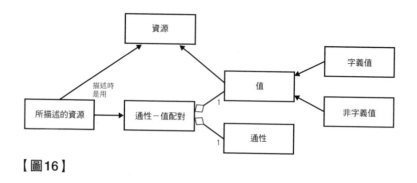

【圖16】

　即使本節名為可擴展標記語言，但它會從超文本標記語言（HTML）開始。標記語言並不是真的語言，而是控制詞彙，容許指令內嵌到文件的文字中，使文字和指令有清楚的區分。超文本標記語言是設計來內嵌到（或許就如各位所預期）超文本的文件中：也就是網路上的文件。而網路之所以為**網路**，就在於文件或許含有超鏈結：於是文件便或可視為節點和鏈結邊緣。

　超文本標記語言所傳達的指令多半是關乎格式化：此文字為粗體，此為斜體，此為標目，此為鏈結等等。你的網路瀏覽器會解譯這些指令，使你看到的網頁是如該網頁的創作者所願的來格式化。只有從描述文件格式化的意義上來說，超文本標記語言才是後設資料。對於超文本標記語言，我們絲毫不需要進一步來談，但假如你好奇這種標

記長得像是怎樣，可參照第三章 <meta> 標籤的例子，或是這個簡單的例子：

```
<h2> 此文字為標目 </h2>
<b> 此文字為粗體 </ b>
<a href="http://example.com/"> 此文字為鏈結 </a>
```

XML 所指的是可擴展標記語言（Extensible Markup Language）（而且對，**可擴展**〔extensible〕並不是以字母 X 來開頭。我能怎麼說呢？）可擴展標記語言再次並不是語言，而是一組指令。不過，超文本標記語言是一組指定網路文件格式化的指令，可擴展標記語言則是一組指定其他標記語言的指令。

在第二章裡，我們引用了語言來當成比喻：後設資料綱要是簡單、結構化的語言，後設資料紀錄則是一組以該語言來提出的敘述。這是有用的比喻，但就像是任何的比喻，它無法擴展得太遠……而可擴展標記語言就是這個獨有比喻的失效之處。可擴展標記語言是結構化語言，能以此來創造其他的結構化語言——在談論人類的語言時，這是完全不可行的觀念。

只不過在談論可擴展標記語言時，它就可行了。例如

你能以可擴展標記語言來創造超文本標記語言。這事實上是有人做過，並叫做可擴展超文本標記語言（XHTML）。在本文撰寫之際，最新版的超文本標記語言 HTML5 也是以可擴展標記語言來建立，雖然先前版本的超文本標記語言，都是以標準通用標記語言（Standard Generalized Markup Language，SGML）來建立，屬於不同的標記語言。

文件類型定義

你的網路瀏覽器會解譯網頁中的超文本標記語言，並顯示出該頁的內容：此文字為粗體，此為斜體等等。但你的網路瀏覽器是怎麼知道，超文本標記語言要怎麼解譯？它是怎麼知道 <b> 意謂著「把此文字變粗體」，而不是其他任何事？

答案是文件類型定義（document type definition，DTD）。文件類型定義是以文件，來宣告及定義存在於標記語言中的所有元素。不同版本的超文本標記語言會有不同的文件類型定義。但既然超文本標記語言中的元素跨版本都頗為穩定，這些文件類型定義便頗為類似。因此，某版超文本標記語言的文件類型定義就包含了，存在於該版

超文本標記語言中所有標記元素的定義。例如在 HTML 4.01 的文件類型定義中，標目和字型是宣告如下：

< !ENTITY % heading "H1 | H2 | H3 | H4 | H5 | H6">（< !實體 % 標目 "H1 | H2 | H3 | H4 | H5 | H6">）

< !ENTITY % fontstyle "TT | I | B | BIG | SMALL">（< !實體 % 字型「電傳打字 | 斜體 | 粗體 | 大 | 小」>）

所有六級的標目和所有的字型（電傳打字或等寬、斜體、粗體等等），都是在這些文件類型定義的敘述中來宣告。**標目**和**字型**的定義則是在文件類型定義的其他地方來宣告。

在超文本標記語言的文件類型定義上，這是簡單的例子。但文件類型定義的美妙之處在於，它可以用來定義任何標記語言的元素。例如都柏林核心後設資料元素集也是在文件類型定義中宣告。下一行宣告所有 15 個元素：

< !ENTITY % dcmes "dc:title | dc:creator | dc:subject | dc:description | dc:publisher | dc:contributor | dc:date | dc:type | dc:format | dc:identifier | dc:source | dc:language | dc:relation | dc:coverage | dc:rights">（< ！實體 % 都柏林

核心後設資料元素集"都柏林核心集：題名 | 都柏林核心集：創作者 | 都柏林核心集：主題 | 都柏林核心集：描述 | 都柏林核心集：出版者 | 都柏林核心集：貢獻者 | 都柏林核心集：日期 | 都柏林核心集：類型 | 都柏林核心集：格式 | 都柏林核心集：識別碼 | 都柏林核心集：來源 | 都柏林核心集：語言 | 都柏林核心集：關聯 | 都柏林核心集：時空涵蓋範圍 | 都柏林核心集：權利">）

然後這幾行詳細宣告了題名元素：

< !ELEMENT dc:title (#PCDATA) >（<! 元素 都柏林核心集：題名 (# 解析字元資料) >)

< !ATTLIST dc:title xml:lang CDATA #IMPLIED >（<! 屬性清單 都柏林核心集：題名 可擴展標記語言：語言 字元資料 #IMPLIED>）

< !ATTLIST dc:title rdf:resource CDATA #IMPLIED >（<! 屬性清單 都柏林核心集：題名 資源描述架構：資源 字元資料 #IMPLIED>）

題名元素簡短規定了特有類型的資料（解析字元資料〔Parsed Character Data〕），以及**題名**的屬性（屬性清單

〔ATTLIST〕）是源自可擴展標記語言和資源描述架構，而且必須是不同的資料類型（字元資料〔Character Data〕）。

對於文件類型定義的創造，在此沒有必要去進一步深究。如上所述，下文的〈延伸閱讀〉一節中所列出的一些資源，會提供更多的細節。儘管如此，這些非常簡單的例子仍顯示，任何元素都可能在文件類型定義中來宣告。因此，宣告多個元素的文件類型定義就會宣告整個標記語言——整個後設資料綱要。

對於文件類型定義，也沒有必要去進一步深究，因為文件類型定義正變得較不常見。由於HTML5不是以標準通用標記語言來建立，所以HTML5中的元素並不是在文件類型定義中來宣告。HTML5的元素反倒是在文件物件模型（Document Object Model，DOM）中來宣告，HTML5中所存在的元素全都包含在裡面，並以層級式的樹狀結構來組織。現代的網路瀏覽器全都包含指稱這個文件物件模型的功能，於是便會去解譯在超文本標記語言的文件中所使用的元素。於是在非常高的層次上，文件類型定義和文件物件模型或可視為可資類比，因為都是在宣告標記語言中的元素和元素屬性。在本文撰寫之際，都柏林核心集還沒修改，或是發展新版的都柏林核心集，以迎合

這股去除文件類型定義的趨勢。

結論：所有的資料都是結構化的，在思考創造後設資料綱要時，記住資料庫設計的基本事項會很有用。資源描述架構容許以三元組的圖來表述資料集的結構。實體或可兼為多個三元組的主體和物件，而容許圖有所成長。述語是實體之間的關係，相當於試算表中的欄標目：對該關係所能提出的敘述類目。或可用來指定三元組物件的措詞或許是源自索引典。關係集合的語法和語意，以及指定索引典措詞的方式，則是用可擴展標記語言的文件類型定義來指定。

本章所論及的一組科技造就網路的許多後設資料。為了致能一組特定的功能，把一組科技一起運用，常稱為**科技堆疊**（technology stack）。本章所討論的科技堆疊，是全球資訊網協會網路科技堆疊的一部分，但只是一部分。資源描述架構和可擴展標記語言，是出現在全球資訊網協會堆疊的基底。建立在這個基礎上的科技，是行動、語音和其他超出此處範疇的網路服務。也建立在該基底上的則是依賴後設資料的科技：特別是語意網。

第七章
語意網

假如在既存的詞彙中找得到合適的措詞，就應該盡可能重複使用這些來描述資料，而不要另外發明。重複使用既存的措詞非常可取。

——湯姆・希思（Tom Heath）、克里斯汀・畢瑟（Christian Bizer，2011 年，《鏈結資料：將網路發展成全域資料空間》（*Linked Data: Evolving the Web into a Global Data Space*）

　　不滿足於單是發明了全球資訊網，提姆・伯納斯－李（Tim Berners-Lee）後來繼而表述了「資料網」（web of data）的願景。這些資料當然可供人類的網路使用者來耗用，一如目前的網路。但這些資料也有辦法由軟體來處理，使應用程式能代表使用者來執行任務。伯納斯－李和同事在 2006 年時寫道，他們的願景到當時還沒實現，而至今依舊是如此。

不過，隨著諸多加以致能的標準、科技和其他工具衍生出來，我們離實現這個願景更近了。其中許多工具是後設資料綱要和詞彙，以及建立這些工具的科技。

以它所涵蓋的科技來說，語意網是複雜的主題。其中一些科技是與後設資料有關的科技，但很多並不是。不過，這是在講後設資料的書，而不是在講與網路普遍有關科技的書。為了聚焦在與後設資料特別有關的事情上，第六章開頭的相同但書在此也適用：本章會淺談很多在語意網中所牽涉到的科技，只就必要的範圍來加以探討，以解釋後設資料的層面，而對這些題目一些較長的說明，則會列在〈延伸閱讀〉一節。

語意網介紹

後設資料並非語意網的一切，但後設資料是語意網在運作上至關重要的一環。為了了解後設資料是如何切合語意網，首先就必須了解語意網的願景，以及語意網企圖要解決的問題。

在 2001 年為語意網訂下願景的原作中，伯納斯－李和同事表明，語意網將為網路上「有意義的內容帶來結

構」，而且軟體代理程式（software agent）將能用這樣的結構，「輕易為使用者執行繁複的任務」（詳見本書第二章的〈名稱權威〉一節）。

第六章討論過，在某種程度上，所有的資料都是結構化的。不過，結構並非全都可為演算法所理解。例如英語的統計結構或可由演算法來分析，而風格研究就是以此來運作……但這種結構隱而不顯，便為莎士比亞事實上是不是《威廉・彼得大師的悼亡》（*A Funeral Elegy for Master William Peter*）的作者，開啟了辯論的空間（文學學者目前的共識為，他不是）。為了使軟體代理程式能輕易為使用者執行繁複的任務，網路上的資料就必須一目瞭然地結構化。

軟體代理程式

在電影《駭客任務》（*The Matrix*）中，史密斯幹員（Agent Smith）的形象稍微借鏡了軟體代理程式的觀念。我們很多人或許會喜歡自己的電腦，用雨果・威明（Hugo Weaving；譯注：飾演史密斯幹員的演員）的聲音說話，史密斯幹員卻不是伯納斯－李和同事所意謂的「軟體代理程

式」。軟體代理程式的語意網願景反倒比較近似電子郵件過濾器，而不是決心要征服全人類的惡意程式。

對於軟體代理程式在致能語意網的未來中，應該要能執行的那種任務，伯納斯－李和同事在原作中，是用一連串的約診安排來當成例子。在這個例子中，你的代理程式會向醫生的代理程式檢索處方治療的資料，然後查找業者的清單，檢查你的保險承保了哪些，哪些得到了可接受的高評價，依照與你家的距離來過濾，最終與業者的代理程式互動，以配合你的行事曆來安排預約的時間。

這個例子如果要在現實上奏效，就必須由好幾個實體來提供好幾筆資料：治療及其細節來自診所；所承保業者的清單來自你的保險公司；評價來自業者本身或某個第三方；行事曆來自業者；你的住家地址和個人行事曆來自你。

行事曆容或是這個例子最簡單的部分。如先前所討論，ISO 8601 是代表日期與時間的標準，所以假定在這個例子中，行事曆全都是根據 ISO 8601 來編碼。在你的行事曆上，事件會有相關的日期與時間，所以你的行事曆代理程式可搜尋不相關事件的日期與時間，並與別的代理程式分享這份日期與時間清單。

你的行事曆代理程式沒有必要分享你的整個行事曆，

或是行事曆中的任何事件。你的代理程式有必要分享的一切，是關於行事曆的一些後設資料：沒有相關事件的日期與時間集。在這個例子中，軟體代理程式並沒有真的在利用網路上「有意義的內容」：它們並沒有在來回傳遞數位資源。軟體代理程式反倒是在來回傳遞**關於**那些資源的後設資料。換句話說，語意網的這個願景是依賴軟體代理程式，來使用後設資料對於網路上有意義的內容所施加的結構。

鏈結資料

語意網不只有賴於把結構化資料放到線上；它有賴於在結構化資料間創造鏈結。它之所以為**網**，靠的是網頁之間存在著鏈結的事實。類似的是，軟體就是靠著線上結構化資料之間的鏈結，才能把資料集連結起來。

在他們談鏈結資料的著作裡，湯姆‧希思和克里斯汀‧畢瑟表明：「鏈結資料的基本觀念是，把全球資訊網的普遍構造，應用到以全球規模來分享結構化資料的任務上。」網路是複雜的資訊空間，這樣的複雜卻是出自一組頗為簡單的規則。這些規則由伯納斯－李所提出，而為網

路表述了一組設計原則。伯納斯－李的規則並不是在規定，而是在建議資料該怎麼結構化，然而遵循這些規則，會確保新的網路科技與既存的基礎結構互通。遵循這些規則，也會確保網路上的結構化資料能受到鏈結。這些規則可釋義為：

一、用統一資源識別碼來當成資源的識別碼。

二、根據超文本傳輸協定來把統一資源識別碼格式化，使資源能輕鬆用已確立的科技來查找。

三、用好比說資源描述架構的標準，來兼而提供資源和關於資源的後設資料。

四、把鏈結連同這些後設資料，提供給其他的統一資源識別碼，以便能查找更多的資源。

這些規則所引用的所有科技已在前幾章論及。統一資源識別碼是線上資源的唯一標識碼。語意網規定資源要有統一資源識別碼，使它能由其他資源或線上服務不籠統地指稱出來。為統一資源識別碼所理解的資源，稱為可解參照（dereferenceable）。

超文本傳輸協定是指稱統一資源識別碼的優先機制，由於它是網路上最常見的協定，因此容許範圍廣泛的軟體和服務對統一資源識別碼解參照。例如當統一資源識別碼

上的資源是網頁，而且該統一資源識別碼受到網路瀏覽器解參照時，傳回給瀏覽器的就是該網頁。鏈結資料的願景是，任何類型的資源都可由軟體來解參照，而且傳回給查詢代理程式的不單是資源，還有關於該資源的後設資料。

　　資源描述架構是對資源加以描述的架構，以運用主題－述語－物件三元組。三元組（主題）所描述的資源是由統一資源識別碼唯一識別，使該資源得以受到解參照。三元組中的物件也是資源，並且同樣可解參照，而在二個受到唯一識別的資源間創造了關係。當資源受到解參照時，資源本身就會提供給查詢應用程式，並連同該資源所存在的任何後設資料紀錄。該後設資料中包括了初始資源所鏈結其他資源的清單：在資源為主題的任何三元組中所屬的物件，以及在初始資源為物件的三元組中，其他任何為主題的資源。例如假如使用者要查詢〈蒙娜麗莎〉的語意網路搜尋引擎，提供出來的或許會是〈蒙娜麗莎〉的數位圖像，以及關於它的描述性後設資料，連同關於李奧納多・達文西、麗莎・喬宮多和羅浮宮博物館延伸資料的鏈結：總之，就是有助於使用者把資源放在脈絡中的資料。

　　歐洲數位圖書館創作了出色的視訊，來談鏈結開放資料和它的使用。歐洲數位圖書館是文化遺產材料的入口，

（在本文撰寫之際）收藏了橫跨歐盟近150家諸多類型的「記憶機構」（畫廊、圖書館、檔案庫、博物館等等）。數位化資源本身是由提供機構來存放；歐洲數位圖書館所提供的則是分享機制，好讓使用者來存取這些資源。這則視訊中所提供的例子是搜尋 Venus。使用者搜尋的是什麼：行星、女神、網球選手維納斯・威廉斯（Venus Williams）、〈米洛的維納斯〉（*Venus de Milo*）雕像、波提切利（Botticelli）的畫〈維納斯的誕生〉（*The Birth of Venus*）？藉由提供這些資源的鏈結開放資料，文化遺產機構就能創造出可為這筆搜尋消除籠統的工具，來幫助使用者。對於這筆搜尋，搜尋工具會對符合措詞 Venus 的資源解參照，並把這些提供給使用者。連同這些資源而來的則是關於資源的後設資料，以及鏈結到其他提供脈絡的資源上。從這筆額外的脈絡資訊中，從事搜尋的使用者便能識別出措詞 Venus 的許多意義，並決定哪一個最相關。

萬物相連

在資源描述架構的三元組中，把**鏈結**放進鏈結資料裡的是述語。任何資源都可以是三元組的主題或物件：例如

李奧納多‧達文西（主題）是出生在（述語）文西鎮（物件），但文西（主題）是佛羅倫斯省（物件）的一部分（述語）。當資源可解參照時，三元組的網路就會在資源之間創造出來。就是靠著這個三元組的網路使鏈結資料鏈結起來，才為資料網賦予了結構，並使軟體代理程式有可能利用這個結構來執行任務。鏈結資料是把網路上的資料加以結構化的方式，使它(一)結構化到足以為軟體所用，(二)運用可以把一家業者的資料，跟其他業者的資料給連結起來的共用標準。

從伯納斯－李和同事寫出談語意網的原作以來，已過了 15 年，而軟體代理程式並沒有依他們所設想的那樣來衍生。網路服務多半是直接彼此互動，經由應用程式介面（application programming interface，API）來供應和接收結構化資料，而不是由半自主代理程式與網路服務互動。這些應用程式介面所供應和接收的後設資料是什麼？這個問題的答案當然是看應用而定。但它或許是任何和每樣東西。

行事曆就提供了好例子。在許多由事件扮演要角的組織裡（學校、劇院等等），網站都會提供 iCalendar（行事曆檔）投送。這些在網路上很常見，而且常呈現為以 .ics 為副檔名的統一資源定位符，通常是伴隨著日曆形狀的圖

示。iCalendar 的標準會把事件後設資料加以編碼,所使用的元素好比說是開始和結束時間、摘要、事件籌辦者的聯絡資訊。iCalendar 投送是統一資源定位符;很多行事曆應用程式都容許這樣的投送統一資源定位符,增添到行事曆中,然後把在該投送中所編碼的事件全部顯示出來。由於投送是統一資源定位符,所以它或可由業者來更新。於是假如我訂閱了例如波士頓紅襪隊(Boston Red Sox)的 iCalendar 投送,我的個人行事曆就會隨時包括紅襪隊的賽程表。

經由應用程式介面來供應和接收後設資料的另一個好例子是,從照片存放服務中可取得的 Exif 資料。回想一下第四章裡的「我知道你的貓住哪裡」和「照片合成」計畫:對於好比說 Flickr 和 Instagram 的照片存放服務,從這些服務的應用程式介面中所查詢的照片,要符合一定的門檻(照片裡包含貓或特定的地標),而且在 Exif 紀錄裡包含了 GPS 資料。然後地圖應用程式的應用程式介面會用來輸入這筆 GPS 資料,並把這些照片放到地圖上。

什麼能放上網並沒有限定。這既是網路的好處,也是壞處:一方面,不管你碰巧是對什麼冷僻的題目感興趣,在開設網站,部落格、Tumblr 或 Pinterest 圖版時,都不需

要權限。另一方面，對於你發現最為反感的任何主題，幾乎可肯定有人開設了網站、部落格、Tumblr 或 Pinterest 圖版。網路的某些層面有組織在控管，例如網際網路名稱與編號分配機構（ICANN）是在監督網域名稱系統（DNS），但或許會上線的內容並沒有組織在加以控管。當然，有些組織企圖對使用者能存取什麼加以控管，好比說是一些威權政府。搜尋引擎則是對使用者能存取什麼加以實質控管，靠的是使資源多多少少顯現在搜尋結果的清單上。但這二種都是事後的過濾器，而不是在一開始就去控管什麼會上線。

同樣地，什麼後設資料能放上網並沒有限定。它該當如此，因為對資源或可提出敘述的可能數目近乎無限。

藝術的鏈結資料

不過，事實上對資源所提出的敘述類型往往會受限，因為個別後設資料綱要的範疇往往是屬於特定界域。藝術界域就是此處的好例子，因為它相當廣泛，涵蓋了許多不同類型的實體和關係。

保羅蓋提研究所的工作已經提過。蓋提研究所事實

上制訂了四種詞彙來描述物質文化：藝術與建築索引典（Art & Architecture Thesaurus，AAT）®、地理名稱索引典（Thesarurs of Geographic Names，TGN）®、文物名稱權威檔（CONA）®和藝術家聯合名錄（ULAN）®。要留意的是，藝術與建築索引典和地理名稱索引典都是索引典，因此有層級式結構，就像在本書第二章，**西雅圖**的親子關係例子所附的圖。文物名稱權威檔和藝術家聯合名錄則都是名稱權威檔。

蓋提詞彙比鏈結資料的觀念要早：四種裡最悠久的藝術與建築索引典要追溯到 1970 年代。不過有鑑於它們的範疇屬於特定界域，這些詞彙自然適合互相連結。在本文撰寫之際，文物名稱權威檔的層級仍在試行，而且〈蒙娜麗莎〉還沒有包括在線上。但李奧納多・達文西的另一筆目前在線上了：〈茂髮男漫畫〉（*Caricature of a Man with Bushy Hair*），文物名稱權威檔識別編號 700002067。本物件的文物名稱權威檔紀錄包括了好幾個元素，它們的值則是來自其他的蓋提索引典。例如**作品類型**（Work Type）是**繪畫**（drawing），藝術與建築索引典識別號 30033973，**顯示材料**（display materials）是鋼筆和墨水，藝術與建築索引典識別號分別是 300022452 和 300015012。本作品的創

作者當然是李奧納多・達文西，自然就是藝術家聯合名錄中的實體，識別號 500010879。本作品收藏在蓋提中心，藝術家聯合名錄識別號 500260314，但它顯然以往是存駐在英格蘭，地理名稱索引典識別號 7002445。

上述的各識別編號都是唯一識別碼。在所有四種索引典中，蓋提研究所為每個實體都創造了唯一識別碼。蓋提是藝術界的佼佼者，付出了顯著的努力，來制訂這些索引典和其他與藝術有關的標準。因此，許多博物館和其他文化遺產組織都使用蓋提的產品。儘管如此，很重要而要留意的是，這些識別號是由蓋提所編定。一旦上了網，統一資源識別碼就是為資源所固有，但蓋提的唯一識別碼是逕自為之，不管蓋提制訂的機制是什麼，便據以來編定，只不過儘管如此仍廣受使用。這些識別號繼而便對應到蓋提伺服器上的統一資源識別碼：例如地理名稱索引典識別號 7002445，就是對應到統一資源識別碼 http://vocab.getty. edu/tgn/7002445。在這個統一資源識別碼中會找到的紀錄，包含了述語－物件配對表，全都是三元組中的二個部分，主題是英格蘭。例如述語是**地方類型**（placetype），以及物件是**國家**（countries）、**主權國家**（sovereign states）。

在蓋提詞彙中，每個實體都有唯一識別碼，統一資源

識別碼便是從中創造出來。經由這些唯一識別碼，每筆實體紀錄或許會連結到任意數目的其他實體紀錄。結果就是蓋提詞彙互相連結緊密，一如李奧納多〈茂髮男漫畫〉的例子所印證。

更為重要的事實在於，經由這些唯一識別碼，**任何**索引典或後設資料綱要中的紀錄，或許都會連結到蓋提詞彙中的實體紀錄。類似的是，在**任何**索引典或後設資料綱要中，任何有唯一識別碼的實體紀錄或許都會受到連結。例如經由國會圖書館鏈結資料服務（The Library of Congress Linked Data Service），國會圖書館就提供了它們的主題標目和名稱權威檔，以及其他好幾種詞彙，而每個實體當然都有唯一識別碼來對應到統一資源識別碼。（例如李奧納多‧達文西的統一資源識別碼是 http://id.loc.gov/authors/names/n79034525.html。）第二章裡簡短討論過虛擬國際權威檔（VIAF）：虛擬國際權威檔是，把出自多個來源的紀錄合併成單一服務的權威檔。虛擬國際權威檔紀錄的來源包括了國會圖書館和蓋提研究所，姑且不論其他；虛擬國際權威檔紀錄是在把從中彙整資料的來源全部列出來，並鏈結回初始紀錄。每筆虛擬國際權威檔紀錄當然都有唯一識別碼，來對應到統一資源識別碼（李奧納多‧達

文西的虛擬國際權威檔統一資源識別碼是 http://viaf.org/viaf/24604287）。

回想一下第二章所討論的一對一原則，也就是單一資源應該要在單一後設資料綱要中，有一筆且唯一一筆的後設資料紀錄。「在單一後設資料綱要中」的部分很重要。單是本節所提到李奧納多·達文西的紀錄，就不少於三筆。不過，這些紀錄各是在迎合不同的目的：國會圖書館名稱權威檔的主要目的之一是，提供控制形式的名稱，而藝術家聯合名錄所提供的不僅是名稱，還有傳記和其他資訊。虛擬國際權威檔把出自多個來源的資料合併成一筆紀錄，以降低成本並增加權威檔的效用。單一資源或許存在多筆紀錄，但這些全都具備雙重的功能：當成可由應用程式或服務來解參照的最終紀錄，並提供進一步的鏈結到本身可受解參照的有關資源上。

資料庫百科

資料庫百科登場。顧名思義，資料庫百科資料集是源自於維基百科的內容。維基百科生來就包含大量的結構化資料（有甚於語言結構和頁面編排），包括鏈結、GPS

資料和類目。不過，維基百科中最可見的結構化資料容或是資訊框（infobox）：許多維基百科文章右上角的邊欄，包含了關於文章主題的摘要資訊。例如關於李奧納多‧達文西的資訊框包含了值為「文藝復興盛期」（High Renaissance）的元素**風格**（style），以及有多個值的元素**著名作品**。此資訊框還包含了元素**生於**（born），以及三個隱含元素：**出生名**（birth name）、**出生日期**（birth date）和**出生地**（place of birth），各有適當的值。從維基百科文章關於李奧納多‧達文西的文字中，可以提取更多大量的資料，但如果要有用地結構化，就必須經過處理，而資訊框中的資料則是已經結構化。

單一的維基百科文章是對應到單一的實體（人、地、事或觀念）。對於什麼才構成「單一的實體」當然可能會有辯論，這就是為什麼維基百科文章會逐時分割與合併。但文章固然有起有落，在本文撰寫之際，維基百科有 125 個不同的語言版本，總條目超過了 3,800 萬則，文章的每個實體則都有資料庫百科條目來對應。

資料庫百科條目是實體的後設資料紀錄，包含了一組龐大的元素和值。當然，並非每筆紀錄都會包含相同的元素，例如個人的紀錄會包含**出生地**和**出生日期**，城市的紀

錄則不會。此外,城市的紀錄或許會包含元素**誰的出生地**（birthplace of），以及出生於當地的個人清單,而這就不會包括在其他實體類型的紀錄裡。對於可從所有語言版本的維基百科中提取的實體,單一的資料庫百科條目不見得會包含所有、但肯定會包含大量的資料。所以例如李奧納多‧達文西的條目不但包含了他的名字、出生地、生歿日期和著名作品,還有影響過他的藝術家、以他來命名的船隻和有他出現的小說作品。

主題－述語－物件三元組所形成的網路在先前探討過,也就是主題（李奧納多‧達文西）是所描述的資源,資源和另外某個實體間的關係類目是述語（例如出生地）,物件是跟資源有述及關係的實體（例如文西）。李奧納多‧達文西是延伸三元組的主題和其他的物件,文西本身兼為其他三元組的主題和物件,永無止境。如此一來,要是很有心,我們就能標繪出萬物在整個宇宙中的關係網路。

當然,連維基百科也是有限。所以在用維基百科來標繪出實體間的關係網路時,終究會觸及可說是已知宇宙的邊緣。

相同於（sameAs）元素登場。每則資料庫百科條目都包含了**相同於**元素,以及相關值的清單,亦即相同實體其

李奧納多・達文西

法蘭切斯科・梅爾齊（Francesco Melzi）的
〈李奧納多肖像〉

生	李奧納多・迪・塞爾・皮耶羅・達文西 1452 年 4 月 15 日 文西，佛羅倫斯共和國（今義大利）
歿	1519 年 5 月 2 日（67 歲） 昂布瓦斯，法蘭西王國
聞名於	形形色色的藝術與科學學門
著名作品	〈蒙娜麗莎〉 〈最後的晚餐〉（*The Last Supper*） 〈維特魯威人〉（*The Vitruvian Man*） 〈抱銀貂的女子〉（*Lady with an Ermine*）
風格	文藝復興盛期
落款	*vi Leonardo de Vinci*

【圖17】

他紀錄的統一資源識別碼。其中很多都是其他語言的資料庫百科條目，但有些是出自不同的來源，好比說維基數據（Wikidata）資料庫、《紐約時報》（*New York Times*）的鏈結開放資料詞彙，或是 Cyc 詞彙。**相同於**元素指的是，所列出的統一資源識別碼全都是對指稱相同實體的紀錄解參照，就如同你的住家地址、工作地址、行動電話號碼和社會安全碼，全都會被了解是在指稱你這個相同的實體。或者更好的例子容或是，10 碼和 13 碼的國際標準書號碼（ISBN；編按：13 碼 ISBN 前三碼是 978 或 979）人們都會了解，是在指稱相同的出版書籍。

實體間的關係網路之所以能擴展到，不僅是維基百科所知的的邊緣，還有人類知識的邊緣，靠的就是**相同於**元素。不同語言版本維基百科的內容誠然是有所重疊，但要說有題目是涵蓋在一種語言版本的維基百科裡，而沒有涵蓋在另一種裡，八成是站得住腳。例如在本文撰寫之際，李奧納多·達文西在義大利文維基百科裡的條目所包含的傳記，比英文維基百科裡所存在的要廣得多，還有在李奧納多藏書和手稿的區塊上，在英文的文章裡則是全然付之闕如。不過，一旦確立義大利文的維基百科文章和英文的維基百科文章，是在講相同的實體，二個分隔的網路或許

通性	值
dbpedia-owl: abstract （概要）	李奧納多·迪·塞爾·皮耶羅·達文西（義大利語發音：[leo'nardo da v'vintʃi] 關於此聲的發音；1452 年 4 月 15 日至 1519 年 5 月 2 日，舊曆）是義大利文藝復興時期的全才：畫家、雕塑家、建築師、音樂家、數學家、工程師、發明家、解剖學家、地質學家、製圖師、植物學家及作家。他的天才容或勝過其他任何人物，體現了文藝復興時期的人文理想。李奧納多常被形容為文藝復興式人物的原型，是「止不住好奇心」和「在發明上想像力旺盛」的人。他受到公認是史上數一數二偉大的畫家，並容或是空前絕後最多才多藝的人。藝術史學家海倫·加德納（Helen Gardner）表示，他的興趣之廣與深是史無前例，而且「他的心智與性格在我們看來就是超人，本身就是神祕而孤高的人」。馬可·羅希（Marco Rosci）表明，關於李奧納多的推測有很多，但他眼中的世界在本質上是符合邏輯而不神祕，而且他所採用的實證方法在他的時代並不尋常。李奧納多是在佛羅倫斯地區的文西，公證人皮耶羅·達文西與農婦卡特麗娜（Caterina）的非婚生子，曾在佛羅倫斯知名畫家維洛齊歐（Verrocchio）的畫室學藝。他在較早所度過的工作生涯，有很多是在米蘭為盧多維科·伊爾·莫羅（Ludovico il Moro）而服務。他後來在羅馬、波隆納和威尼斯工作過，晚年則是在法蘭西度過，住家是由法蘭西斯一世（Francis I）所賞賜。李奧納多始終主要是以畫家而聞名。在他的作品中，〈蒙娜麗莎〉是最有名和最受戲謔仿作的肖像畫，〈最後的晚餐〉則是史上翻版最多的宗教畫作，名氣只有米開朗基羅（Michelangelo）的〈創造亞當〉（The Creation of Adam）堪可比擬。李奧納多所畫的〈維特魯威人〉也被視為文化圖騰，受到翻版的項目繁多，如歐元的硬幣、教科書和圓領衫。他所留下的畫容或有十五幅，數目少是因為他不斷在實驗頻頻致災的新技法，並拖延成習。儘管如此，連同他的筆記本裡所包含的圖畫、科學示意圖和他對於繪畫本質的思考，這些屈指可數的作品仍為後代的藝術家帶來了貢獻，可相提並論的只有同期的米開朗基羅。李奧納多的科技巧思令人推崇。他把飛行器、坦克、聚光太陽能發電、加法機和雙層船船殼加以概念化，還勾勒出板塊構造學的初步理論。終其一生，他的設計受到建構出來甚或可行的相對少，但有些較小的發明出人意表地走進了製造界，好比說自動絡紗機和測試紗線拉伸強度的機器。他在解剖、土木工程、光學和流體力學上獲得了重要的發現，但並沒有把發現發布出來，於是沒有對後來的科學產生直接的影響。
dbpedia-owl: alias （別名）	李奧納多·迪·塞爾·皮耶羅·達文西（全名）
dbpedia-owl: birthDate （出生日期）	1452-04-15 (xsd:date)
dbpedia-owl: birthName （出生名）	李奧納多·迪·塞爾·皮耶羅·達文西
dbpedia-owl: birthPlace （出生地）	dbpedia:Vinci,_Tuscany（文西，托斯卡尼） dbpedia:Republic_of_Florence（佛羅倫斯共和國）
dbpedia-owl: birthYear （出生年）	1452-01-01 (xsd:date)
dbpedia-owl: deathDate （身歿日期）	1519-05-02 (xsd:date)
dbpedia-owl: deathPlace （身歿地）	dbpedia:Clos_Lucé（克羅呂樹） dbpedia:Amboise（昂布瓦斯） dbpedia:Kingdom_of_France（法蘭西王國）
dbpedia-owl: deathYear （身歿年）	1519-01-01 (xsd:date)

【圖18】

194

就會鏈結在一起。而且在當成**相同於**元素的值上，相關統一資源識別碼的清單愈長，就能鏈結起愈多網路資料。

鏈結開放資料

這當然就是為什麼很多組織會把自家的資料集，陳列為鏈結開放資料：因為關於愈多實體可連結在一起的紀錄愈多，在線上所能代表的知識就愈豐富。

鏈結開放資料之所以**開放**，靠的是組織會在網上發布資料集，所使用的資源描述架構三元組則是在資料集內，以及在資料集內與外部的實體之間。組織當然可以使用獨家資料集裡的資源描述架構三元組，並借助於其他組織的努力。但很多組織體認到，把資料集公開發布對自己有利，鏈結開放資料集的網路於是就會擴大成長。如同水漲船升高那般。

在本文撰寫之際，保羅蓋提研究所目前正著手把上文所討論到的四種詞彙，全部發布為鏈結開放資料：藝術與建築索引典和地理名稱索引典是在 2014 年發布，另外二種詞彙則會在 2015 年跟進。藝術與建築索引典和地理名稱索引典的每筆紀錄，例如「沙發椅」（sofa），目前都包括

```
owl:sameas    fbase:Leonardo da Vinci
              http://purl.org/collections/nl/am/p-10456
              http://fr.dbpedia.org/resource/Léonard_de_Vinci
              http://de.dbpedia.org/resource/Leonardo_da_Vinci
              http://cs.dbpedia.org/resource/Leonardo_da_Vinci
              http://el.dbpedia.org/resource/Λεονάρντο_ντα_Βίντσι
              http://es.dbpedia.org/resource/Leonardo_da_Vinci
              http://eu.dbpedia.org/resource/Leonardo_da_Vinci
              http://id.dbpedia.org/resource/Leonardo_da_Vinci
              http://it.dbpedia.org/resource/Leonardo_da_Vinci
              http://ja.dbpedia.org/resource-レオナルド・ダ・ヴィンチ
              http://ko.dbpedia.org/resource/레오나르도_다_빈치
              http://nl.dbpedia.org/resource/Leonardo_da_Vinci
              http://pl.dbpedia.org/resource/Leonardo_da_Vinci
              http://pt.dbpedia.org/resource/Leonardo_da_Vinci
              http://wikidata.org/entity/Q762
              http://wikidata.dbpedia.org/resource/Q762
              http://www4.wiwiss.fu-berlin.de/gutendata/resource/people/
              Leonardo_da_Vinci_1452-1519
              http://sw.cyc.com/concept/Mx4rwAvMqZwpEbGdrcN5Y29ycA
              http://yago-knowledge.org/resource/Leonardo_da_Vinci
```

【圖 19】

了「語意觀」（Semantic View），亦即資源是以主題、述語和／或物件來存在的敘述集：換句話說，就是層級中所有的親代措詞（家具、多人座家具等等）和子代措詞（長沙發〔canapé〕、切斯特菲爾德沙發〔chesterfield〕），以及措詞的創作與修訂日期、措詞在英文和其他語言裡的唯一識別碼等等。蓋提詞彙的某些統一資源識別碼則是包括在資料庫百科裡，於是便把這個非常豐富的網路鏈結到了別的網路上。

關於愈多實體可連結在一起的紀錄愈多，在線上所能代表的知識就愈豐富。

《紐約時報》的鏈結開放資料詞彙曾在上面順便提到。2010年時，《紐約時報》開始發布「時報題目」（Times Topics）的主題標目，清單上的措詞約有三萬個，涵蓋了報紙上所報導過的題目。在本文撰寫之際，《時報》大約發布了其中的一萬個。其中至少有一些的統一資源識別碼是包括在資料庫百科裡，於是便把《紐約時報》所提供非常豐富的資料，鏈結到了從維基百科中所提取的資料上。

國會圖書館主題標目、名稱權威檔和其他詞彙，都是陳列為國會圖書館鏈結資料服務。國會圖書館的某些唯一識別碼則是包括在資料庫百科裡。

如上文所討論，國會圖書館聯手了另外好幾國的國家圖書館、蓋提研究所和國際線上圖書館電腦中心，來發展虛擬國際權威檔（Virtual International Authority File，VIAFTM）。虛擬國際權威檔的唯一識別碼很多都包括在資料庫百科裡。

連以對提供資料存取限定頗多而著稱的公司臉書，也發布了綱要：開放社交關係圖（open graph）協定是一組元素（稱為「通性」，包括題名、類型、圖像、統一資源定位符等等）和推薦值（文章、音樂.歌曲、音樂.專輯、視訊.電影等等），容許網路上的任何資源「成為社交關係

圖上的豐富物件」。例如當視訊或新聞文章內嵌到臉書上的動態更新時，題名和描述就會經由開放社交關係圖協定來輸入。

把自家的資料陳列為鏈結開放資料的組織和服務，事實上是有數十或數百家：鏈結開放資料的雲端示意圖顯示了其中的許多家（雖然八成並非全部），以及它們之間的連結。在這份圖的現行版本中，資料集所包含的主題－述語－物件三元組，總共超過了 200 億筆。逐時下來，陳列為鏈結資料的資料集愈來愈多，而且未來陳列的無疑會更多。

多多益善

把網路連結在一起來充實知識，聽起來像是好主意。畢竟以這種方式來描述，我們才可能談到網際網路本身，並難以主張網際網路不是好主意。不過，出自網際網路的科技為人所熟知，而且在日常生活中的運用無異是備受了解。鏈結資料可怎麼運用，則較不明朗。

提姆·伯納斯－李和同事率先把語意網的願景表述出來後不久，比江·帕希亞（Bijan Parsia）寫了篇出色的短文，標題為〈贊同語意網的簡單、初步主張〉（A simple, prima facie argument in favor of the Semantic Web；可惜稍嫌諷刺的是，這篇文章連同發布它的網站卻從網路上消失了，現在只能透過網際網路檔案庫的網站時光機〔Wayback Machine〕來取得）。加以釋義來說，帕希亞的簡單、初步主張就像是這樣：目前所存在的網路鏈結「不具類型」（untyped），即鏈結純粹是從甲網頁到乙網頁的指示；對於它為什麼會存在於這二頁之間，鏈結中並未包含提供脈絡的資料。儘管如此，網路分析仍是強大的工具，甚至是在網路中只包含了不具類型的鏈結時……而且靠著利用網路分析，谷歌創造出了了不起的工具與服務。因此，帕希亞主張，假如網路鏈結具類型，谷歌（和其他依賴網路分析的工具）就能創造出更加了不起的工具與服務。把帕希亞的簡單主張說得更加簡單就是：資料愈多愈好。

「多多益善」的主張肯定有可能受到爭論：受討論超過百年的是，可取得的資料日益變多導致了「資料氾濫」（data deluge，姑且不論其他用於這種現象上的措詞）。但可取得的資料日益變多，才有可能建立工具與服務來運用那些資料。像是 AltaVista 和 Excite 的搜尋引擎在 1990 年代中推展順利，所依賴的是全文檢索索引，此時谷歌卻突然冒出頭來，演算法運用了更多的資料，也就是靠著把網

路分析層疊在全文檢索索引上，谷歌便翻轉了整個搜尋引擎市場。借助於線上所存在資料的創新似乎就是網際網路的生路，但先前卻沒有人想過以近似那樣的方式來使用。當資料可取得時，某人就會在某地去搞懂要怎麼使用。它的方式不見得會讓你開心（對於國家安全局使用行動電話的後設資料，情報圈外的人八成鮮少會感到開心），而且它甚至會摧毀你的營業模式（如谷歌對 AltaVista 所為）。但在創造環境來鼓勵創新的大尺度上，多多確實是益善。

Schema.org

在把網路上的結構化資料加以簡化的任務上，一件格外重要的案子就是 schema.org。schema.org 是幻獸之物：由谷歌、微軟和雅虎協作，而這些公司八成很少協作任何事。但身為在搜尋科技上有顯著商業利益的公司，schema. org 非常直接迎合了全體的利益。

schema.org 是奠基在微資料（microdata）上，也就是把後設資料內嵌到網頁內的規格。第三章所討論到的 <meta> 標籤，容許後設資料包括在網頁的 <head> 區塊裡。微資料和 schema.org 則走得比這更進一步，容許後設資料

包括在網頁上的任何地方。

　　專論 schema.org 是如何操作的整本書可能會比本書還長（本書中蜻蜓點水談到的所有綱要和詞彙說來可能相同）。這表示說，底下是用本書當例子來非常簡短地綜述 schema.org 的機制。

　　schema.org 大幅依賴超文本標記語言的 <div> 標籤，來指定網頁的區塊或分區。為了此例之故，假定在麻省理工學院出版社的網站上，本書所屬基本知識系列的網頁包含了本書的區塊。該區塊或許會長得像這樣：

```
<div>
<img src="metadata-bookcover.jpg">
<h1><a href="http://mitpress.mit.edu/books/metadata">Metadata</a></h1>
<span>by <a href="http://mitpress.mit.edu/authors/jeffrey-pomerantz"> Jeffrey Pomerantz</a></span>
<span>Everything we need to know about metadata, the usually invisible infrastructure for information with which we interact every day.</span>
</div>
```

把此標記加以解析，這個區塊包含了書封的圖像、也會鏈結到書籍網頁上的題名、會鏈結到作者網頁上的作者名，以及書的簡短推介。底下是那個相同區塊，並以 schema.org 的後設資料來標記：

```
<div itemscope itemtype="http://schema.org/Book">
<img itemprop="image" src="metadata-bookcover. jpg">
<h1 itemprop="name"><a href="http://mitpress.mit.edu/
books/metadata">Metadata</a></h1>
<span itemprop="author">by <a href="http://mitpress.mit.
edu/authors/jeffrey-pomerantz"> Jeffrey Pomerantz</a></
span>
<span itemprop="description">Everything we need to know
about metadata, the usually invisible infrastructure for
information with which we interact every day.</span>
</div>
```

在開頭的**分區**（div）標籤中，**項目範疇**（itemscope）元素是在宣告，區塊是關於項目。**項目類型**（itemtype）元素是在宣告區塊有關的項目類型（在這個案例中是書），並指出 schema.org 對該類型的宣告，是在所提供的統一

資源定位符上。此時任何對此網頁加以解析、也能解譯 schema.orgmetadata 的應用程式,就能解譯項目類型書的通性,因為那些是列舉在統一資源定位符上。

schema.org 為項目類型書所宣告的通性很多。其中一些是上文中所使用的圖像、名稱、作者和描述。每項通性都是預期特定類型的資料:名稱和描述是預期文字串,作者是預期人或組織,圖像是預期統一資源定位符。各資料類型也有通性:例如人或許會有生歿日期(資料類型**日期**〔date〕)、隸屬(資料類型**組織**〔organization〕)和地址(資料類型**郵寄地址**〔postal address〕)。

schema.org 中的類型會組成層級:例如人的類型是 schema.org 中的最高層實體**事物**(thing)。**郵寄地址**是**聯絡點**(contact-point)的子代實體,往上是**結構化值**(StructuredValue)的子代,往上是**無形**(Intangible)的子代,往上是**事物**的子代。子代實體繼承了親代的通性,所以例如郵寄地址,就必須有**描述**(description),因為那是**事物**的通性。這跟第二章裡的西雅圖例子所闡釋的是同一種層級結構。

這好是好。但話說回來,schema.org 要怎麼實際運用在實務上?幸運的是,回答 schema.org 的這個問題,普遍

比回答鏈結開放資料的這個問題，要來得簡單。

　　答案是：在谷歌上搜尋 MIT press metadata（麻省理工學院出版社 metadata）。你所得到的第一筆結果十之八九會是，本書在麻省理工學院出版社網站上的鏈結。不要點進去那頁：而要去看鏈結下方的二行文字摘要。要留意的是，那則摘要類似於上文 schema.org 標記例子中的**描述**。這段文字為什麼會顯示在谷歌的搜尋結果裡？是因為在麻省理工學院出版社的網站上，本書網頁的超文本標記語言標記指出了描述所位在的區塊。接著谷歌的網路爬蟲（web crawler）就會逕自去抓取那段文字，而假定標記說的是實話。

　　這是微不足道的例子，因為只有**描述**的內容出現在這些搜尋結果裡。不過，很多組織運用 schema.org 標記都廣泛得多，而使谷歌（和其他的搜尋工具）能提供的搜尋結果要精細得多。關於這點格外豐富的例子就是去搜尋食譜。在谷歌上搜尋 chocolate chip cookie recipe（巧克力薄餅乾食譜）或自選的食譜。在搜尋框的下方，你會看到 search tools（搜尋工具）鍵：點下它，好幾份選單就會拉下來，包括 ingredients（食材）、cook time（料理時間）和 calories（卡路里）。比方說你對堅果過敏：在為你的搜尋所檢索的食譜中，你可以限定食材的清單，使有堅果的食

譜不包括在裡面。比方說你在節食：你可以把所檢索的食譜限定成，只包括所做出的餅乾會不到一百卡路里的那些。

谷歌是怎麼做到這點？簡短的答案是：schema.org。為這筆巧克力薄餅乾的搜尋所檢索的每一份食譜，八成都是以 schema.orgmetadata 來標記。食譜的每個元素都能使用 schema.org 來指定，包括食材（itemprop ="ingredient"）、製作說明（itemprop ="instructions"）、分量（itemprop ="yield"）、卡路里數（itemprop ="calories"）等等。

schema.org 有二塊：一組實體和它們的通性，以及把關於這些實體的資料內嵌到網頁裡的語法。當這些結構化資料內嵌到網頁上時，谷歌、Bing、雅虎和其他任何可以解析 schema.org 的搜尋工具就能加以利用，而讓使用者能創造出高度客製化與經過過濾的搜尋。在谷歌上搜尋「chocolate chip cookie recipe no nuts less than 100 calories」（不到一百卡沒有堅果的巧克力薄餅乾食譜）或許會檢索出一些有用的結果，但使用 Search tools 選單很可能會更準確。

終歸來說，這是語意網的許諾，並印證了帕希亞「多多益善」的主張。網路上存在的資料愈多，特別是內嵌在網頁上的資料愈多，愈多的網路服務就能動用這些資料，

來幫助使用者駕馭網路這個非常大的資訊空間。而且當這些資料可公開以開放的格式來取得時，就有可能建立新的應用來提供新的服務。發展這些新服務的常常是網路上的大咖，例如谷歌、微軟和雅虎，但情況並非向來都是如此。開放資料所創造的環境會鼓勵創新，使任何人在任何地方都有潛力能建立有用的工具與服務。

結語

語意網的願景是「資料網」，使演算法和其他形式的軟體代理程式，能用它來代表人類使用者自動執行任務。為了達成這個願景，語意網所依賴的是結構化資料，以及能在服務間傳遞關於資源的後設資料。

在達成語意網的願景上，結構化資料必要但不充分。資料不但必須結構化，該結構還必須遵循廣為共用的標準。假如每項網路服務都自行發展綱要來把資料結構化，這就相當於每座城鎮都自行發展消防栓的類型：消防隊與隊之間可能就會沒有協作，因為沒有一隊的管線會符合其他任何一隊的水栓。只有當每個人，或起碼是顯著比例的每個人，都使用相同的標準時，協作才有可能遍布。

語意網的願景是「資料網」，使演算法和其他形式的軟體代理程式能用它來代表人類使用者自動執行任務。

本章開頭的引語為鏈結資料一目瞭然地說明了這點。幾乎無論是哪種資源需要描述,都已發展出了綱要、控制詞彙或索引典來描述它。你需要描述生態?鐵路?離岸鑽探?天體?網路服務?都有人為你創造了索引典。其中許多誠然不會是免費使用:企業存在著利基市場來發展利基市場的分類法。但即使是用獨家標準,你還是能與使用該獨家標準的他人分享資料,即使並非其餘的世人。而且當然只有所用的標準為開放式,也就是免費實行,它才算是鏈結開放資料。本章開頭的引語是主張使用共用標準,不管是開放還是封閉式。不要另外發明輪子:幾乎可以保證的是,已經發展出來的輪子會符合你的需要。

第八章
後設資料的未來

　　如我們在第一章所見，後設資料對圖書館的營運不可或缺。這點在卡利馬科斯的時代為真，至今照樣為真。不過，資源收藏存在著很多類型，並靠圖書館及各類組織來維護。後設資料對所有這些收藏類型的營運都不可或缺。在運算和結構化資料無所不在的現行年代中，後設資料容或比以往都來得重要。隨著線上資源的量與樣式增加，後設資料將繼續對未來不可或缺。

　　圖書館界目前所推行最有意思的案子，當屬歐洲數位圖書館和美國數位公共圖書館（Digital Public Library of America，DPLA）。二者所蒐集的材料都是來自文化遺產機構（圖書館、檔案庫和博物館），經過數位化便陳列在線上。這些數位化的材料都不存放在其中；所有的數位物件都是由文化遺產機構本身來存放（歐洲數位圖書館稱之為**夥伴**〔partner〕，美國數位公共圖書館稱之為**樞紐**

〔hub〕)。歐洲數位圖書館和美國數位公共圖書館的角色是入口：所提供的功能是，讓使用者能經由搜尋、瀏覽和應用程式介面（API），來存取這些材料。

後設資料是提供這種功能的主軸。歐洲數位圖書館和美國數位公共圖書館都制訂了客製後設資料綱要：歐洲數位圖書館資料模型（Europeana Data Model，EDM），以及美國數位公共圖書館後設資料應用設定檔（Metadata Application Profile，MAP）。這二者都表述了抽象模型，以及抽象模型中一組特定屬於各實體的通性（稱為**類**〔class〕）。例如二者的後設資料綱要都區隔了文化遺產物件本身（美國數位公共圖書館指稱為**來源資源**〔SourceResource〕類），以及在數位上代表來源資源的網路資源。二者都進一步表述了其他類型的實體：所匯集或蒐集的來源或數位資源、地點和時間跨度。歐洲數位圖書館資料模型和後設資料應用設定檔接著都表述了這些實體的一組通性。例如在歐洲數位圖書館資料模型和後設資料應用設定檔中，來源資源的通性都包括創作者、描述、主題、題名、是一部分、參照、替換，以及都柏林核心集另外 15 個元素和更大組都柏林核心集措詞中的許多。歐洲數位圖書館資料模型還制訂了好幾種唯一通性，並在後

續受到後設資料應用設定檔所採用：例如併入是衍生於（isDerivativeOf），以及是類似於（isSimilarTo）。歐洲數位圖書館資料模型（並擴展到後設資料應用設定檔）還併入了來自其他後設資料綱要的元素，包括開放檔案庫創舉物件重複使用與交換（Open Archives Initiative Object Reuse and Exchange，OAI-ORE），以及 CC 權利表達語言。

總之，歐洲數位圖書館和美國數位公共圖書館針對，為好幾個不同的使用案例所創造的後設資料綱要，挑選了那些與描述文化遺產的範疇相關的元素，並為這個目的建立了客製資料模型和元素集。發展屬於特定界域的後設資料是成長中的運動，而歐洲數位圖書館和美國數位公共圖書館這麼做，便進到了前線。

特定領域中的後設資料

潘朵拉（Pandora）是當紅的線上音樂服務，對後設資料運用廣泛。潘朵拉的心臟是音樂基因組計畫（Music Genome Project®），由大約 450 個或可用來描述音樂片段的特性所構成。這些特性相當於後設資料綱要中的元素，從相對簡單（例如音調、節奏、每分鐘拍數、歌手的性

別），到高度主觀（例如聲音的特性、樂器的破音度），一應俱全。潘朵拉雇用了一隊樂手，工作是去聽潘朵拉所許可的每首歌，並根據這數百個特性有多少為相關來描述各首歌。特性相當於元素，潘朵拉團隊會加以編定值。或許會從中來挑選值的控制詞彙，有些八成是直截了當，像是音調的值組（A、B、C等等，以及大調或小調）、每分鐘拍數（為整數）、節奏（慢板、行板、快板等等），以及歌手的性別。有些值八成是唯一屬於潘朵拉，而會在高度競爭的音樂市場上為潘朵拉加值。

描述性後設資料很容易應用在數位化的音樂檔上，但很難做得好。這有部分是因為，音樂不但演進迅速，又是高度主觀的體驗。一方面，有些在音樂基因組計畫中所定義的特性是相當穩定：例如音調、節奏和每分鐘拍數的值組。另一方面，隨著音樂的體裁演進，以及用來記錄和處理音樂的科技演進，有些為一定的特性來提供值的詞彙便會逐時改變。例如浩室音樂（house music）不但有為數眾多的子體裁，還是音樂創新的活躍領域，所以屢屢衍生出新的子體裁。隨著潘朵拉在複雜電磁（Complextro）、荷蘭浩室（Dutch house）、慢波特（Moombahton）、新迪斯可（Nu-disco）的體裁中增添歌曲，以及不管浩室音樂接下來

會衍生出什麼子體裁，那些值想必會增添到用於特性「體裁」的控制詞彙裡。於是潘朵拉和想必是其他所有的音樂服務所面臨的挑戰在於，後設資料必須不斷更新，特性和為它們提供值的控制詞彙都是。你或許會預期古典樂是描述很穩固的體裁，連它也面臨了這個挑戰。例如很多演出者會錄製相同音樂片段的版本，而線上音樂服務的後設資料，並非向來都會掌握到作曲者和演出者的區別。基於這個和其他的理由，古典樂的描述性後設資料便成了發展活躍的領域。

音樂當然並非客製後設資料存在的唯一界域。例如教育學門在後設資料上的歷史就頗為悠久。電機電子工程師學會（Institute of Electrical and Electronics Engineers，IEEE）的學習物件後設資料標準（Standard for Learning Object Metadata），最早是在 2002 年所制訂，以描述「學習物件」：通常（只不過並非必然）是或可用來為單一學習物件，支援教學與學習的數位資源。學習物件後設資料是由一組類目所構成，並各包含一組元素來描述它。例如**教育**類目所包含的元素，好比說是**一般年齡範圍**和**一般學習時間**，**權利**類目則是包含了**版權**元素。在 K–12（譯注：從幼兒園到 12 年級）和高等教育中所使用的學習管理系統

（learning management system，LMS），很多都包含了支援學習物件後設資料的功能，使相關的學習物件後設資料假如一出現，就能把學習物件或所蒐集的學習物件輸入學習管理系統。

此外，教育學門是後設資料發展活躍的領域。高等教育在傳統上抗拒標準化的一個領域是成績單：高等教育的很多機構都使用相同的企業系統，但學生成績單最常還是印好郵寄。不過，好比說羊皮捲（Parchment）等公司，近期正發展綱要來代表實體，例如學生、課程和學程，使機構能輸出和輸入學生成績單及其他的證書。

出版是另一個兼而在後設資料上的歷史悠久，並且目前是發展活躍領域的學門。出版後設資料在傳統上是由簡單的描述性後設資料所構成：出版者、出版日期、國際標準書號等等。隨著電子書問世，以及好比說亞馬遜的 Kindle Direct Publishing、Lulu 和其他的自出版平台崛起，出版者（和自出版者）便發現，自身後設資料的豐富性與品質，對於讀者會不會發現到題名至關重要。

應用程式介面

應 用 程 式 介 面（Application Programming Interface，API）是在網路上，對後設資料最有意思的運用之一，然而應用程式介面常常壓根就不受認可為後設資料的應用。應用程式介面是一組功能，或可用來與常為網路服務的軟體片段互動。大部分的網路服務（推特、YouTube、Flickr、Goodreads、Evernote、Dropbox 等等）都有應用程式介面。有些網路服務則有多個應用程式介面。例如亞馬遜的產品、付款、網路服務、Kindle 和其他好幾個部分的事業，都有應用程式介面。谷歌的產品大部分都有應用程式介面。應用程式介面常常是雙向：不同的功能會讓使用者把資料輸出或輸入網路服務。

好比說是 Flickr、YouTube 和亞馬遜的網路服務，當然是有發展完備的使用者介面。這些「前端」介面普遍是特徵豐富，讓使用者能與服務所存放的資源（照片、視訊、產品等等）互動。不過，應用程式介面則在這樣的前端上提供了迂迴之道，讓使用者與資源和資源的後設資料都能互動。應用程式介面並不是祕密的後門，而是刻意創造出來，以提供替代的方法來與網路服務互動，所為的則常是

好比說軟體代理程式的演算法。

在應用程式介面的領域裡，什麼是**資料**和什麼是**後設資料**，多半是在觀者的眼中。從網路服務的觀點來看，經由應用程式介面所提供的一切都是資料，因為不同片段的資料是如何儲存，不見得會有任何的區別，而且應用程式介面對於資源和後設資料都會提供存取。資料庫的實體－關係模型不見得會去區隔出，是資源的資料，以及是後設資料的資料：全都是資料就對了。不過從另一個觀點來看，只有資源本身才是資料（推文、YouTube 上的視訊、博物館網站上所存放的數位物件等等）；其他一切則是它的後設資料。

隨著網路服務擴增，應用程式介面便亦步亦趨地擴增。有些應用程式介面所獲得的流量，事實上是不下於服務的相關前端網站，或是更勝一籌。這就是為什麼本章在談後設資料的未來時，值得拿它來討論：應用程式介面正成為日益走紅的機制，關於資源的後設資料（對，以及資源本身）或可由此來存取。

應用程式介面當然容許個人，在網路服務的「生態系」中來創造應用：例如創造客製 YouTube 播放清單的應用，或是「混搭」二項或更多服務的資料的應用。美國數位公

共圖書館尤其鼓勵發展應用程式，來運用應用程式介面的資料，並在應用程式圖書館（App Library）中加以凸顯。在這些應用程式中，比較有意思的一些，包括美國數位公共圖書館地圖（DPLA Map），是在使用者當下位置附近的美國數位公共圖書館，來識別資源的應用程式，以及**維基百科美國數位公共圖書館**（WikipeDPLA），是在美國數位公共圖書館藏書的相關項目中，把維基百科文章的鏈結給插入的瀏覽器外掛程式。

服務 IFTTT（If This Then That）存在，全然是拜其他服務所提供的應用程式介面所賜。IFTTT 讓使用者能創造「食譜」，來把資料從一項服務的應用程式介面中輸出，並輸入另一項服務的應用程式介面中，條件則是某起事件：例如你的飛比特（Fitbit）可以每天一次，把活動摘要增添到谷歌的試算表中，或者國際太空站（International Space Station）每次來到你的位置上空時，你就能接收到文字訊息，或者你的巢式恆溫器（Nest Thermostat）可以設定成，當你進入特定的地理區域時，就會是特定的溫度。IFTTT 以這種方式來提供機制，而把（在本文撰寫之際）遠超過 150 項服務的結構化資料，連結在一起。

應用程式介面容許演算法存取服務所儲蓄的後設資

料。回想一下第七章約診安排的例子，這正是伯納斯－李和同事的語意網願景。隨著服務可經由應用程式介面獲得更多的資料，其他運用那些資料的服務就能建立起來。IFTTT目前並沒有繁複到足以安排某人的約診，但肯定是往那個方向踏出了一步。

在他出色的著作《拼湊鬆散的小片段》（*Small Pieces Loosely Joined*）中，大衛・溫柏格（David Weinberger）表述了「統一的網路理論」：特別是它是由拼湊鬆散的小片段所構成。以較不套套邏輯來說，溫柏格的命題是，網路炸散了大型的實體。他所用的例子是文件：龐大的文字再也不需要以名為書籍的統一實體來綁在一起，文字反倒可以由靠鏈結所鬆散拼湊起來的小型實體來構成。溫柏格的著作有先見之明的地方在於，這對其他各種實體也為真：尤其是資料集和服務。

網路要靠什麼才有可能由拼湊鬆散的小片段來構成？後設資料。來回傳遞結構化資料使線上服務能小而聚焦，卻是依賴其他的服務來提供所需要的資料。回想一下，比江・帕希亞對語意網的主張是「多多益善」：當可自由取得的資料變多時，就能建立更多的工具與服務來運用那些資料。在提姆・伯納斯－李對語意網的願景中，前提的資

料網就是由來回傳遞後設資料的小片段所構成。把資料網稱為後設資料網，事實上或許是同樣妥當。

eScience

在一個界域中，增加中的資料量正變得可得，而且使小片段能鬆散拼湊起來是有顯著的益處，那就是eScience。eScience是運算密集和資料密集的研究方法與分析，雖然不限於但包括了常見所指稱的「大數據」(big data，巨量資料)科學。

對於「大數據」究竟是由什麼所構成，辯論當然是有很多：例如人類基因組計畫(Human Genome Project)或可視為大數據科學，雖然整個人類基因組只有二百GB左右，大強子對撞機(Large Hadron Collider)不到五分鐘就會產出相當的資料量。且不管資料量，大部分的eScience案還牽涉到密集使用運算來從事分析，例如建立天氣模型，便採用了日益強大的超級電腦，來發展日益詳細與準確的預測。

事實也依舊是，任何一個人、甚或是一隊人馬要窺得它的全貌，連「區區」200 GB都是太大的資料集。這就

網路要靠什麼才有可能
由拼湊鬆散的小片段來
構成？ metadata。

是後設資料派上用場的地方。後設資料紀錄是資料集的替代品，對有興趣的研究人員來說，卻常是比資料集本身還有用的存取點，就如同對有興趣的讀者來說，圖書館的目錄卡或亞馬遜的條目或許是比整本書還有用的存取點。首先你必須識別出有用的資料集（或書），而且只有在此之後，你才能實際加以運用。

eScience 是靠資源探索的描述性後設資料來致能，但 eScience 的產品要受到信任，則是靠出處後設資料來致能。與出版期刊文章相關並由出版者存放的資料集，可說是繼承了與同儕審查學術文獻相關的出版許可。資料集如果是由研究人員自我存放，該資料集背後的權限或許會比較不清楚。於是這些資料未來如果要受到任何重複使用，關於資料集出處的後設資料就變得至關重要。

出處的後設資料集或可以二個層次來論：整個後設資料集，以及它的個別值。資料集的出處後設資料或許會包括的敘述，好比說是出資機關、蒐集資料所涉及研究人員的姓名，以及研究所採用的方法學。資料集個別值的出處後設資料或許會包括的敘述，好比說是蒐集特定資料點所採用的方法學，以及任何產出特定資料點的分析或轉化。

資料集個別值的出處後設資料有些被指稱為「周邊資

料」。會有點令人混淆的是,「周邊資料」這個詞(回想一下本書第五章),也是指關於學習物件的使用性後設資料。不過在出處後設資料的脈絡中,措詞「周邊資料」是,針對蒐集資料的過程所自動掌握的資料。例如在電話調查中,關於資料集的周邊資料或許會包括各筆通聯的日期與時間,哪些通聯所打的電話號碼是沒人接聽,以及訪員每次的鍵擊和滑鼠移動:換句話說,就是電話調查訪員所使用的系統能自動蒐集到的資料。周邊資料是在蒐集資料時所創造,而且所提供的資料是關於資料集的創造。另一類的出處後設資料是,定義更不明確的措詞**輔助資料**(auxiliary data)。輔助資料常被視為資料集本身以外的任何資料,換句話說,就是關於資料集的任何後設資料。比較特別的是,輔助資料或許兼而包括周邊資料和從其他資料集所輸入的變項,好比說人口普查,或其他以創造資料集的組織外部為來源的人口統計資料。對不同類目的出處後設資料加以描述的措詞擴增,就指出了出處後設資料對 eScience 有多重要。

儲存檔案的歷史日益成了應用的預設值,像維基就會把每頁的每筆編輯都儲存起來。維基的這項功能讓使用者能觀看頁面的歷史,以識別出其他使用者(或至少是他們

的 IP 位址）的各筆編輯，有時候則是使用者講到為什麼要加以編輯的留言。更為穩健的歷史追蹤功能將對 eScience 至關重要，因為信任對於科學資料集比對於維基百科的條目更為重要。eScience 興衰或許就繫於取得出處後設資料的可能性，使資源和影響到其歷史的實體間的關係能識別出來。

後設資料的政治角力

科學儀器和實證研究所蒐集的資料對科學的進展固然至關重要，但更多人所關切的資料很可能是關於自身的資料。消費產品與服務會產出大量關於我們自身和行為的資料。我們心知肚明地拿個人隱私，來換取使用這類產品與服務的便利：服務條款的協議固然幾乎沒有任何人會真的去看，但這些文件確實指明了會蒐集和分析關於使用者的資訊。

很多網路服務會去蒐集和分析關於使用者的資料，以提供更高度客製化與個人化的使用者體驗。例如谷歌現在是會對使用者超前提供資訊的服務，好比說依照目前的車流，通知你應該要現在前往機場，以及要走什麼路線最

好。微軟的 Cortana 和蘋果的 Siri 具備了類似的功能。不過，這些服務如果要管用，存取大量的個人資料對它們就屬必要：只有服務去存取使用者的行事曆和目前的實體位置時，才有可能發出你應該要現在前往機場的通知。

運算力正日益內嵌在常見的日常物件裡：不光是智慧型手機和家用電子產品，還有車輛、道路與橋樑、醫療裝置，甚至是大樓的監控系統。這個正在衍生的「物聯網」（Internet of Things，IoT）是把網際網路，擴大到範圍廣泛的實體物件裡所內嵌的運算裝置上，所仰賴的全然是蒐集和分析結構化資料。其中一些資料是環境類，跟個人並不相關，但很多則是個人類，甚至是相當私人。而且一如在安排約診的例子中，物聯網如果要管用並發揮出潛力，其中很多資料就必須跨服務共用。

大體上來說，我們信任我們所使用和訂閱的服務，會讓自己和夥伴不去染指我們的個人資料：例如亞馬遜針對我的購買習慣來蒐集資料，就會使亞馬遜在保住我的生意上得到競爭優勢。當然，我們知道公司會把我們的資料與夥伴共用，只不過在選擇加入或退出這樣的共用上，我們普遍是有選擇的。我們容或是在騙自己，但大體上來說，我們會想像自己的資料固然不屬私人，但起碼是受到限定。

那國安局蒐集電話後設資料的新聞，為什麼會感覺起來這麼像是違背隱私？它並不在於電話公司蒐集了我們的電話通聯資料，而是爆料了這些資料未經我們同意就交給另一個組織，違背了這份想像中的信任。

甚至在遠早於「後設資料」這個詞發明出來前，電話公司和政府就在蒐集電話通聯的後設資料了。在系統性地蒐集這類資料廢氣上，最早的科技之一容或是**撥號記錄器**（pen register），這個措詞則要追溯到電報的年代。在《美國法典》（*US Code*）中，撥號記錄器是定義為（第 18 卷、第二部、206 章、3127 條），「對傳輸線路或電子通訊的儀器或設施，所傳輸的撥號、路徑、位址或信號資訊，加以記錄或解譯的裝置或流程」。聚焦較窄的資料蒐集則是由**監測追蹤裝置**（trap and trace device）來執行，所蒐集的資料只是為了「識別發話號碼」，或是電子通訊的其他發話位址。換句話說，撥號記錄器和監測追蹤裝置是在蒐集關於電子通訊的後設資料，不管是電報訊息、電話通聯、電子郵件、簡訊，還是其他任何媒介。重要的是，依照《美國法典》，撥號記錄器和監測追蹤裝置不可蒐集「任何通訊的內容」：例如依照《美國法典》，記錄電話通聯的內容就會被視為竊聽。不過在非常大的紀錄中，簡訊或推文的

內容只是一個欄位的值。

　　對於史諾登在 2013 年的爆料，早期反應的一個立場是，既然國安局不是在從事竊聽，就沒有疑慮的理由。「它只是後設資料」的這派主張是有效的法律立場，因為依照《美國法典》第 18 卷，撥號記錄器和監測追蹤裝置或許會蒐集關於電子通訊的後設資料，而從 1967 年美國聯邦最高法院**凱茲告美國**（Katz v. United States）一案起，竊聽則必須有令狀。

　　不過，回想一下第一章簡短討論過的後設電話研究。史丹福法學院網際網路與社會中心的研究人員企圖複製，國安局在電話後設資料上所蒐集的資料：研究參與者在智慧型手機上安裝了後設電話應用程式，這款應用程式就會蒐集關於裝置的資料。姑且不論其他的東西，這些資料包括了研究參與者的電話所撥打的電話號碼，以及這些通聯的時間和長度。靠著查詢公共電話簿，研究人員就能識別出這些撥出電話號碼的主人、企業與個人。

　　後設電話的研究人員寫道：「我們發現電話後設資料是明確地敏感。」不過，使隱私有疑慮的問題不在於後設資料，而在於從中所能形成的推論。例如回想一下，研究參與者打給了「居家改裝店、鎖匠、水耕業者和麻藥品店」。

個別來看，這些通聯各是相對無害：假如這些通聯各是出自不同的研究參與者，它就不會引起側目。觸發我們去對這位個人的活動形成推論的事實在於，這些通聯全都是出自**相同的**研究參與者。當然，推論頂多是間接證據，我們沒有更多的資訊，就沒辦法知道我們的推論是不是正確。但電話後設資料之所以是明確地敏感，就在於它能形成這幾種帶著偏見的推論。

美國憲法第四修正案規定：

> 人民有保護其人身、住所、文件及財物的權利，不受無理搜索與拘捕，並不得非法侵犯⋯⋯

不過，這點的例外是所謂的第三方法則。這在 1979 年美國聯邦最高法院史密斯訴馬里蘭州（Smith v. Maryland）案中，總結如下：人自願提供資料給第三方，好比說電話公司，就不具備「正當的隱私期待」。這些自願提供的資料包括那種為了設定帳戶，人必須提供給電話公司的私人後設資料。當然，此處的「第三方」並不限於電話公司；它可包括網際網路服務業者，或者確切來說是受人提供資訊的任何商業實體。這些資料全都能靠執法來蒐集，不用

在往後的歲月中，自願
提供 metadata 和雷同
的資料廢氣，會是重要
的法律和政治課題。

令狀，也不違反第四修正案。

在目前後設資料無所不在的年代中，對於第三方法則是不是持續適合，與是不是需要改變，法律圈自然是有大量的討論。尤其是美國聯邦最高法院大法官索尼婭‧索托馬約爾（Sonia Sotomayor）表明，第三方法則「不適合數位年代，因為在實行俗務的過程中，民眾會向第三方大量揭露關於自身的資訊」。索托馬約爾大法官所指稱的起碼有部分是資料廢氣，而且揭露這樣的資料可說是有多自願，並不明朗。

在往後的歲月中，自願提供後設資料和雷同的資料廢氣，會是重要的法律和政治課題。對網路資源加以描述和管理的後設資料、應用程式介面的後設資料、對音樂加以描述的後設資料、關於藝術物品和科學資料集來歷的後設資料：所有這些和更多會持續演進，並發展出工具來管理這些後設資料。

這些後設資料和工具發展會出現，並且已經在催生出來，科技業的整個子部門。話雖如此，大部分的人很可能會比較關心的後設資料，則是關於自身的後設資料和誰會加以存取。這個與後設資料的私人連結，很可能會推動法律和政治辯論。就如同史諾登的爆料，把「後設資料」

這個字詞帶到了公眾眼前，在持續進行對個人隱私的討論時，後設資料將繼續位居要津。

用詞表

● **管理性後設資料**（administrative metadata）
告知物件管理的資訊。例如本書是由麻省理工學院出版社取得版權。

● **控制詞彙**（controlled vocabulary）
一組有限的措詞，可用來為元素提供值。措詞可組織為層級或簡單的清單。

● **描述性後設資料**（descriptive metadata）
關於物件的描述性資訊。例如本書的作者是傑福瑞・彭蒙藍茲，出版日期是 2015 年。

● **都柏林核心集**（Dublin Core，DC）
發展來當成核心集的元素集，在描述任何線上資源時都屬必要。

● 元素（element）

一組可根據綱要來對資源提出的預定敘述之一。主題－述語－物件三元組中的述語。另可參考「值」。

● 編碼體系（encoding scheme）

特定類型的資料或可如何建構或挑選值的一組規則。另可參考「控制詞彙」、「語法編碼」。

● 鏈結資料（linked data）

在開放網路上共用的資料與資料集，包含用標準的網路科技來鏈結其他的資料。

● 物件（object）

跟另一樣屬於描述性後設資料主題的資源有關係的資源；用來描述另一樣資源的資源。例如李奧納多·達文西是〈蒙娜麗莎〉的創作者。另可參考「主題」、「述語」詞條。

● 本體論（ontology）

有如索引典，一組有限的措詞，組織為層級，可用來為元素提供值。另外，這包括了一組常以軟體演算法為形式的行事規則。

● **周邊資料（paradata）**

在教育的脈絡中，這是關於教育資源的後設資料。在研究的脈絡中，這是關於創造資料集的後設資料，並在蒐集資料時創造出來。

● **述語（predicate）**

資源（主題）和另外某樣事物（物件）間的關係類目。例如創作者或出版日期。另可參考「主題」、「物件」。

● **典藏性後設資料（preservation metadata）**

支援物件保存過程的必要資訊。例如本書應儲存在相對濕度為 35% 的環境中。

https://terms.naer.edu.tw/detail/1954763/

● **出處後設資料（provenance metadata）**

在資源的生命週期中所涉及關於實體與過程的資訊。

https://terms.naer.edu.tw/detail/7644304/

● **資源描述架構（Resource Description Framework，RDF）**

用主題－述語－物件關係三元組來描述資源的架構。

● 紀錄（record）

關於單一資源的一組主題－述語－物件敘述，通常是用單一綱要所創造出來。

● 相關（relevance）

資訊資源或資源把個人的資訊需求滿足得有多好：主觀與脈絡式的心證判斷。

● 資源（resource）

資訊物件；描述性後設資料的主題。另可參考「主題」。

● 資源探索（resource discovery）

為滿足資訊需求，把與個人或為相關的資訊資源加以識別出來的過程。

● 權利後設資料（rights metadata）

關於資源的智慧財產權的資訊。

● 綱要（schema）

對資源或可提出哪幾種主題－述語－物件敘述的一組規則。

● **語意網（semantic web）**

全球資訊網的願景，語意資料是內嵌在網頁和鏈結裡來讓軟體代理程式解析。

● **結構性後設資料（structural metadata）**

關於資源是如何組織的資訊。例如本書是由八章所構成，並按數字順序來組織。

● **結構化資料（structured data）**

根據資料模型來組織的資料集。

● **主題（subject）**

資源；描述性後設資料的主題。例如〈蒙娜麗莎〉。另可參考「述語」、「物件」。

● **主題分析（subject analysis）**

對資源加以分析，以識別出它的主題是什麼，或者它是關於什麼。

● **主題標目（subject heading）**

一組有限的措詞，或可用來描述資源的主題。措詞或許會

組織為層級，或者也許是簡單的清單，例如國會圖書館主題標目。

● 語法編碼（syntax encoding）
要怎麼代表特定類型資料的一組規則。例如 ISO 8601 就是代表日期與時間的語法編碼體系。

● 技術性後設資料（technical metadata）
關於系統功能的資訊。例如數位照片是用特有型號與款式的相機，以特有的水平和垂直解析度所拍出。

● 索引典（thesaurus）
一組有限的措詞組織為層級，或可用來為元素提供值。層級通常是由**是**、是**一部分**或關係的**實例**所構成，例如藝術與建築索引典。

● 三元組（triple）
關於資源的主題－述語－物件敘述。另可參考「主題」、「述語」、「物件」、「資源」。

● **非控制詞彙（uncontrolled vocabulary）**
一組有限的措詞，或可用來為元素提供值。任何字詞或片語都或可當成值來用，或者新措詞或可唯一發明出來。

● **唯一識別碼（unique identifier）**
把實體唯一識別出來的名稱或位址，跟其他的實體不會有任何混淆。例如實體位址是在唯一識別位置，或者社會安全碼是在唯一識別人。

● **使用性後設資料（use metadata）**
關於物件是如何受到使用的資訊，例如電子書受到了多少下載和在什麼日期。

● **值（value）**
為元素所編定的資料。資料或可從控制詞彙中挑選、用編碼體系來制訂，或是唯一創造出來。另可參考「元素」。

延伸閱讀

第一章

關於後設資料

Baca, M. 2008. *Introduction to Metadata*, 2nd ed. Los Angeles: Getty Research Institute.

Hillmann, D. I. 2004. *Metadata in Practice*. Chicago: American Library Association.

Zeng, M. L., and Qin, J. 2008. *Metadata*. New York: Neal-Schuman.

關於資訊科學

Bates, M. J. 2006. Fundamental forms of information. *Journal of the American Society for Information Science and Technology* 57 (8): 1033–45. doi:10.1002/asi.20369.

Bates, M. J. 2008. Hjørland's critique of bates' work on defining information. *Journal of the American Society for Information Science and Technology* 59 (5): 842–44. doi:10.1002/asi.20796.

Bates, M. J. 2011. Birger Hjørland's Manichean misconstruction of Marcia Bates' work. *Journal of the American Society for Information Science and Technology* 62(10): 2038–44. doi:10.1002/asi.21594.

Buckland, M. K. 1991. Information as thing. *Journal of the American Society for Information Science* 42(5): 351–60. doi:10.1002/(SICI)1097-4571 (199106)42:5<351::AID-ASI5>3.0.CO;2-3.

Glushko, R. J., ed. 2013. *The Discipline of Organizing*. Cambridge: MIT

Press.

Hjørland, B. 2007. Information: Objective or subjective/situational? *Journal of the American Society for Information Science and Technology* 58 (10): 1448–56. doi:10.1002/asi.20620.

Hjørland, B. 2009. The controversy over the concept of "information": A rejoinder to Professor Bates. *Journal of the American Society for Information Science and Technology* 60(3): 643–643. doi:10.1002/asi.20972.

Losee, R. M. 1997. A discipline independent definition of information. *Journal of the American Society for Information Science* 48(3): 254–69. doi:10.1002/(SICI)1097-4571(199703)48:3<254::AID-ASI6>3.0. CO;2-W.

Saracevic, T. 1975. Relevance: A review of and a framework for the thinking on the notion in information science. *Journal of the American Society for Information Science* 26(6): 321–43. doi:10.1002/asi.4630260604.

Saracevic, T. 2007. Relevance: A review of the literature and a framework for thinking on the notion in information science. Part III: Behavior and effects of relevance. *Journal of the American Society for Information Science and Technology* 58(13): 2126–44. doi:10.1002/asi.20681.

Saracevic, T. (nd). Relevance: A review of the literature and a framework for thinking on the notion in information science. Part II. In *Advances in Librarianship*, vol. 30, pp. 3–71. Emerald Group Publishing Limited. Retrieved from http://www.emeraldinsight.com.libproxy.lib.unc.edu/doi/abs/10.1016/S0065-2830%2806%2930001-3.

關於主題分析

Beghtol, C. 1986. Bibliographic classification theory and text linguistics: Aboutness analysis, intertextuality and the cognitive act of classifying documents. *Journal of Documentation* 42 (2), 84–113. doi:10.1108/eb026788.

Chandler, A. D., & Cortada, J. W., eds. 2003. *A Nation Transformed by*

Information: How Information Has Shaped the United States from Colonial Times to the Present. Oxford: Oxford University Press.

Hjørland, B. 2001. Towards a theory of aboutness, subject, topicality, theme, domain, field, content ⋯ and relevance. *Journal of the American Society for Information Science and Technology* 52(9): 774–78. doi:10.1002/asi.1131.

Hjørland, B. 1992. The concept of "subject" in information science. *Journal of Documentation* 48 (2): 172–200. doi:10.1108/eb026895.

Hjorland, B. 1997. *Information Seeking and Subject Representation: An ActivityTheoretical Approach to Information Science.* Westport, CT: Praeger.

Hutchins, W. J. 1978. The concept of "aboutness" in subject indexing. *Aslib Proceedings* 30 (5): 172–81. doi:10.1108/eb050629.

關於圖書館目錄史

Hopkins, J. 1992. The 1791 French cataloging code and the origins of the card catalog. *Libraries and Culture* 27(4): 378–404.

Strout, R. F. 1956. The development of the catalog and cataloging codes. *Library Quarterly* 26 (4): 254–75.

第二章

關於網路

Benkler, Y. 2007. *The Wealth of Networks: How Social Production Transforms Markets and Freedom.* New Haven: Yale University Press.

Castells, M. 2009. *The Rise of the Network Society.* Vol. 1: *The Information Age: Economy, Society, and Culture,* 2nd ed. Malden, MA: Wiley-Blackwell.

Easley, D., and Kleinberg, J. 2010. *Networks, Crowds, and Markets: Reasoning about a Highly Connected World.* New York: Cambridge University Press.

關於分類

Barlow, J. P. 1994 (March). The economy of ideas. *Wired,* 2(3). Retrieved from http://archive.wired.com/wired/archive/2.03/economy.ideas.html.

Shirky, C. 2005. *Making Digital Durable: What Time Does to Categories*. Retrieved from http://longnow.org/seminars/02005/nov/14/making-digital-durable-what-time-does-to-categories/.

Shirky, C. 2005. Ontology is overrated: Categories, links, and tags. Retrieved from http://www.shirky.com/writings/ontology_overrated.html.

VIAF: The Virtual International Authority File. (2014). OCLC. Retrieved from http://viaf.org/.

第四章

後設資料編碼與傳輸標準

Metadata Encoding and Transmission Standard. http://www.loc.gov/standards/mets/.

MPEG-21

Cover, R. (nd). MPEG-21 Part 2: Digital Item Declaration Language (DIDL). Retrieved January 27, 2015, from http://xml.coverpages.org/mpeg21-didl.html.

出處

Luc Moreau, L., and Groth, P. 2013. *Provenance: An Introduction to PROV*. San Rafael, CA: Morgan Claypool Publishers. Retrieved from http://www.morgan claypool.com/doi/abs/10.2200/S00528ED1V01Y201308WBE007.

PREMIS http://www.loc.gov/standards/premis/.

PROV http://www.w3.org/2001/sw/wiki/PROV .

W3C. (2013). PROV-DM: The PROV Data Model. http://www.w3.org/TR/prov-dm/.

W3C. (2011). Provenance Interchange Working Group Charter. http://www

.w3.org/2011/01/prov-wg-charter.

權利

Creative Commons. http://creativecommons.org/.

Creative Commons. (nd). Describing copyright in RDF: Creative Commons rights expression language. http://creativecommons.org/ns.

Creative Commons. 2013. CC REL. CC Wiki. https://wiki.creativecommons .org/CC_REL.

W3C ODRL Community Group http://www.w3.org/community/odrl/.

維基掃描器

Griffith, V. (nd). Wikiscanner. http://virgil.gr/wikiscanner/.

Silverman, J. 2014. How the Wikipedia scanner works. HowStuffWorks. http://computer.howstuffworks.com/internet/basics/wikipedia-scanner. htm.

使用 GPSmetadata 的案子

I Know Where Your Cat Lives. http://iknowwhereyourcatlives.com/.

Microsoft Photosynth. http://photosynth.net/.

第五章

資料廢氣與監視

Brunk, B. 2001. Exoinformation and interface design. *Bulletin of the American Society for Information Science and Technology* 27(6). Retrieved from http:// www.asis.org/Bulletin/Aug-01/brunk.html.

Guardian US interactive team. 2013 (June 12). A Guardian guide to metadata. *The Guardian*. Retrieved from http://www.theguardian.com/ technology/interactive/2013/jun/12/what-is-metadata-nsa-surveillance.

Risen, J., and Poitras, L. 2013 (September 28). N.S.A. gathers data on social

connections of U.S. citizens. *The New York Times*. Retrieved from http://
www .nytimes.com/2013/09/29/us/nsa-examines-social-networks-of-us-
citizens. html.

周邊資料

Gundy, S. V. 2011 (November 9). Why connected online communities
will drive the future of digital content: An introduction to learning
resource paradata. Retrieved from http://connectededucators.org/why-
connected-online-communities-will-drive-the-future-of-digital-content-
an-introduction-to-learning-resource-paradata/.

US Department of Education. 2011. Paradata in 20 minutes or less. Retrieved
from https://docs.google.com/document/d/1QG0lAmJ0ztHJq
5DbiTGQj9Dn Q8hP0Co0x0fB1QmoBco/.

標繪社會網路的案子

The Oracle of Bacon. http://oracleofbacon.org/.

The Erdös Number Project http://www.oakland.edu/enp/.

第六章

Date, C. J. 2012. *Database Design and Relational Theory: Normal Forms and
All That Jazz*. Sebastopol, CA: O'Reilly Media.

Halpin, T. 2001. *Information Modeling and Relational Databases: From
Conceptual Analysis to Logical Design*. San Francisco: Morgan Kaufmann.

Musciano, C., and Kennedy, B. 2006. *HTML & XHTML: The Definitive
Guide*, 6th ed. Sebastopol, CA: O'Reilly Media.

Pilgrim, M. 2010. *HTML5: Up and Running*. Sebastopol, CA: O'Reilly
Media.

Powers, S. 2003. *Practical RDF*. Sebastopol: O'Reilly Media.

Van der Vlist, E. 2002. *XML Schema: The W3C's Object-Oriented Descriptions
for XML*. Sebastopol, CA: O'Reilly Media.

第七章

鏈結資料

DBpedia. http://dbpedia.org/.

Heath, T. (nd). Linked data: Connect distributed data across the web. http://linkeddata.org/

schema.org http://schema.org/.

J. Paul Getty Trust. 2014. Getty vocabularies as linked open data. http://www.getty.edu/research/tools/vocabularies/lod/index.html.

New York Times Company. 2013. Times Topics. http://www.nytimes.com/pages/topics/index.html.

W3C. 2013. W3C DATA ACTIVITY building the web of data. http://www.w3.org/2013/data/.

W3C. 2015. W3C linked data. http://www.w3.org/standards/semanticweb/data.

Wikimedia Foundation. (nd). Wikidata. https://www.wikidata.org/.

Wikimedia Foundation. 2004. Wikidata/Archive/Wikidata/historical. https://meta.wikimedia.org/wiki/Wikidata/Archive/Wikidata/historical.

語意網

Berners-Lee, T. 1998. Semantic web road map. W3C. Retrieved from http://www.w3.org/DesignIssues/Semantic.html.

Shadbolt, N., Hall, W., and Berners-Lee, T. 2006. The semantic web revisited. *IEEE Intelligent Systems* 21(3), 96–101. doi:10.1109/MIS.2006.62.

Swartz, A. 2013. *Aaron Swartz's A Programmable Web: An Unfinished Work*. San Rafael, CA: Morgan Claypool Publishers. Retrieved from http://www.morganclaypool.com/doi/abs/10.2200/S00481ED1V01Y201302WBE005.

第八章

本章所提及之服務

DPLA http://dp.la/.

Europeana. http://www.europeana.eu/.

Google Now. https://www.google.com/landing/now/.

IEEE International Conference on eScience. https://escience-conference.org/.

IFTTT. https://ifttt.com/.

Internet of Things Consortium. http://iofthings.org/.

Open Archives Initiative. (nd). Object Reuse and Exchange (OAI-ORE). http://www.openarchives.org/ore/.

Pandora Media, Inc. 2015. About the Music Genome Project . http://www.pandora.com/about/mgp.

Parchment. http://www.parchment.com/.

圖書館的鏈結資料

DuraSpace. 2014. Linked data for libraries (LD4L). https://wiki.duraspace.org/display/ld4l.

Flynn, E. A. 2013. Open access metadata, catalogers, and vendors: The future of cataloging records. *Journal of Academic Librarianship* 39(1): 29–31. doi:10.1016/j.acalib.2012.11.010.

Greenberg, J., and Garoufallou, E. 2013. Change and a future for metadata. In E. Garoufallou and J. Greenberg, eds., *Metadata and Semantics Research*, pp. 1–5. New York: Springer International. Retrieved from http://link.springer. com.libproxy.lib.unc.edu/chapter/10.1007/978-3-319-03437-9_1.

Kemperman, S. S., et al. 2014. *Success strategies for e-content*. OCLC Online Computer Library Center, Inc. Retrieved from http://www.oclc.org/go/en/econtent-access.html.

Schilling, V. (nd). Transforming library metadata into linked library data:

Introduction and review of linked data for the library community, 2003–2011. Retrieved January 28, 2015, from http://www.ala.org/alcts/ resources/org/cat/research/linked-data.

圖表來源

頁 29【圖 1】：© 2014 OCLC Online Computer Library Center. Reprinted with permission. WorldCat is a registered trademark/service mark of OCLC.

頁 61【圖 3】：From the Getty Thesaurus of Geographic Names (TGN)®. Reprinted with permission.

頁 94【表 3】：Definitions copyright © 2012 Dublin Core Metadata Initiative. Licensed under a Creative Commons Attribution 3.0 Unported License.

頁 93【圖 7】：Courtesy of Nicholas Felton. Previously published in the *New York Times*, February 10, 2008.

頁 120【圖 9】：Courtesy of Songphan Choemprayong.

頁 126【圖 10】：Adapted from PROV_DM: The PROV Data Model. W3C Recommendation, April 30, 2013. Reprinted with permission.

頁 129【圖 11】：Adapted from PREMIS Data Dictionary for Preservation Metadata version 2.2.

頁 152【圖 12】：Courtesy of Coursera Inc.

頁 168【圖 16】：From the DCMI Abstract Model Recommendation, June 4, 2007. Reprinted with permission.

參考資料

Abelson, Hal, Ben Adida, Mike Linksvayer, and Nathan Yergler. ccREL: The Creative Commons Rights Expression Language. (Creative Commons, 2008). http://www.w3.org/Submission/ccREL/.

Anonymous. Former CIA Director: "We kill people based on metadata." *RT* (May 12, 2014). http://rt.com/usa/158460-cia-director-metadata-kill-people/.

Apache Software Foundation. *Apache HTTP Server Version 2.4 Documentation.* (2015). http://httpd.apache.org/docs/current/.

Beckett, Dave. RDF/XML syntax specification (revised). W3C (February 10, 2004). http://www.w3.org/TR/REC-rdf-syntax/.

Berners-Lee, Tim, James Hendler, and Ora Lassila. The semantic web. *Scientific American* (May 2001): 29–37.

Berners-Lee, Tim. Linked data. W3C (July 27, 2006). http://www.w3.org/DesignIssues/LinkedData.html.

Biodiversity Information Standards (TDWG). Darwin Core. (accessed February 20, 2015). http://rs.tdwg.org/dwc/.

Broder, Andrei, Ravi Kumar, Farzin Maghoul, Prabhakar Raghavan, Sridhar Rajagopalan, Raymie Stata, Andrew Tomkins, and Janet Wiener. Graph structure in the web. Computer Networks 33 (no. 1–6, June 2000): 309–20. doi:10.1016/S1389-1286(00)00083-9.

Brown, Olivia. Classical music needs better metadata. Future of Music Coalition (March 5, 2013). https://futureofmusic.org/blog/2013/03/05/

classical-music-needs-better-metadata.

Bryl, Volha. The DBpedia data set (2014). http://wiki.dbpedia.org/Datasets 2014.

Camera & Imagine Products Association. Exchangeable image file format for digital still cameras: Exif version 2.3. (2012). http://www.cipa.jp/std/documents/e/DC-008-2012_E.pdf.

Carmody, Tim. Why metadata matters for the future of e-Books. WIRED (August 3, 2010). http://www.wired.com/2010/08/why-metadata-matters-for-the-future-of-e-books/.

Cha, Bonnie. A beginner's guide to understanding the Internet of Things. Re/code (January 15, 2015). http://recode.net/2015/01/15/a-beginners-guide-to-understanding-the-internet-of-things/.

Cole, David. We kill people based on metadata. NYRblog (May 10, 2014). http://www.nybooks.com/blogs/nyrblog/2014/may/10/we-kill-people-based-metadata/.

Conley, Chris. Metadata: Piecing together a privacy solution. ACLU of Northern California (February 2014). https://www.aclunc.org/publications/metadata-piecing-together-privacy-solution.

Cook, Jean. Invisible genres & metadata: How digital services fail classical & jazz musicians, composers, and fans. Future of Music Coalition (October 16, 2013). https://futureofmusic.org/article/article/invisible-genres-metadata.

Couper, Mick, Frauke Kreuter, and Lars Lyberg. The use of paradata to monitor and manage survey data collection. In *Proceedings of the Survey Research Methods Section, American Statistical Association*, 282–96. American Statistical Association (2010). http://www.amstat.org/sections/srms/proceedings/y2010/Files/306107_55863.pdf.

Crimes and criminal procedure. US Code 18 (2008), § 1–6005.

Cyganiak, Richard, David Wood, and Markus Lanthaler. RDF 1.1 concepts and abstract syntax. W3C (February 25, 2014). http://www.w3.org/TR/

rdf11-concepts/.

Cyganiak, Richard. The linking open data cloud diagram (2014).

De Montjoye, Yves-Alexandre, César A. Hidalgo, Michel Verleysen, and Vincent D. Blondel. Unique in the crowd: The privacy bounds of human mobility. *Scientific Reports* 3 (March 25, 2013). doi:10.1038/srep01376.

Digital Library Federation. *Metadata Encoding and Transmission Standard: Primer and Reference Manual, Version 1.6* (2010). http://www.loc.gov/standards/mets/METSPrimerRevised.pdf.

Digital Public Library of America. Digital Public Library of America. (accessed February 20, 2015). http://dp.la/.

Digital Public Library of America. Metadata application profile, version 3.1. (accessed February 20, 2015). http://dp.la/info/map.

Dublin Core Metadata Initiative. Dublin Core Metadata Element Set, Version 1.1. (accessed February 20, 2015). http://dublincore.org/documents/dces/.

Dublin Core Metadata Initiative. Dublin Core Metadata Terms (accessed February 20, 2015). http://dublincore.org/documents/dcmi-terms/.

"Documentation," schema.org (accessed February 20, 2015). http://schema.org/docs/documents.html.

Duhigg, Charles. How companies learn your secrets. *New York Times* (February 16, 2012), sec. Magazine. http://www.nytimes.com/2012/02/19/magazine/shopping-habits.html.

Dunbar, R. I. M. Neocortex size as a constraint on group size in primates. *Journal of Human Evolution* 22 (no. 6, June 1992): 469–93. doi:10.1016/0047-2484(92)90081-J.

Enge, Eric, Spencer, Stephan, Fishkin, Rand, and Stricchiola, Jessie. The Art of SEO: Mastering Search Engine Optimization (Theory in Practice). Sebastopol, CA: O'Reilly Media, Inc. (2009).

European Union. Europeana data model: Mapping guidelines v2.2. (accessed February 20, 2015). http://pro.europeana.eu/documents/900548/5f8f7f4c-1af7-447d-b3f4-f3d91e39397c.

Europeana. Linked open data—What is it? (February 14, 2012). Video file retrieved from http://pro.europeana.eu/linked-open-data.

Europeana.eu. Europeana (accessed February 20, 2015). http://www.europeana.eu/.

Gartner, Inc. Gartner says the Internet of Things installed base will grow to 26 billion units by 2020. (December 12, 2013). http://www.gartner.com/newsroom/id/2636073.

Gellman, Barton, and Ashkan Soltani. NSA infiltrates links to Yahoo, Google data centers worldwide, Snowden documents say. *Washington Post* (October 30, 2013). http://www.washingtonpost.com/world/national-security/nsa-infiltrates-links-to-yahoo-google-data-centers-worldwide-snowden-documentssay/2013/10/30/e51d661e-4166-11e3-8b74-d89d714ca4dd_story.html.

Gil, Yolanda, James Cheney, Paul Groth, Olaf Hartig, Simon Miles, Luc Moreau, and Paulo Pinheiro da Silva. Provenance XG Final Report. W3C (2010). http://www.w3.org/2005/Incubator/prov/XGR-prov-20101214/.

Golbeck, Jennifer, Jes Koepfler, and Beth Emmerling. An experimental study of social tagging behavior and image content. *Journal of the American Society for Information Science and Technology* 62 (no. 9, 2011): 1750–60. doi:10.1002/asi.21522.

Golder, Scott A., and Bernardo A. Huberman. Usage patterns of collaborative tagging systems. *Journal of Information Science* 32 (April 1, 2006): 198–208. doi:10.1177/0165551506062337.

Google. Meta tags that Google understands (accessed February 20, 2015). https://support.google.com/webmasters/answer/79812.

Gorman, Siobhan, and Jennifer Valentino-DeVries. New details show broader NSA surveillance reach. *Wall Street Journal* (August 21, 2013), sec. US. http://www.wsj.com/articles/SB10001424127887324108204579022874091732470.

Gracenote, Inc. Gracenote (accessed February 20, 2015). http://www.grace

note.com/.

Grad, Burton, and Thomas J. Bergin. Guest Editors' Introduction: History of database management systems. *IEEE Annals of the History of Computing* 31 (no. 4, 2009): 3–5. doi:10.1109/MAHC.2009.99.

Greenberg, Jane, Kristina Spurgin, and Abe Crystal. Final Report for the AMeGA (Automatic Metadata Generation Applications) Project. Library of Congress (2005). http://www.loc.gov/catdir/bibcontrol/lc_amega_final_report.pdf.

Gregory, Lisa, and Stephanie Williams. On being a Hub: Some details behind providing metadata for the Digital Public Library of America. *D-Lib Magazine* 20 (no. 7/8, July 2014). doi:10.1045/july2014-gregory.

Hafner, Katie. Seeing corporate fingerprints in Wikipedia edits. *New York Times* (August 19, 2007), sec. Technology. http://www.nytimes.com/2007/08/19/technology/19wikipedia.html.

Heath, Tom, and Christian Bizer. Linked data: Evolving the web into a global data space. Synthesis Lectures on the Semantic Web: Theory and Technology. San Rafael, CA: Morgan Claypool. http://linkeddatabook.com/editions/1.0/.

http://lod-cloud.net/.

IEEE Computer Society. 1484.12.1-2002—*IEEE Standard for Learning Object Metadata.* (accessed February 20, 2015). http://standards.ieee.org/findstds/standard/1484.12.1-2002.html.

International DOI Foundation. (accessed February 20, 2015). http://www.doi.org/.

International Organization for Standardization. ISO 8601:2004. *Data Elements and Interchange Formats—Information Interchange—Representation of Dates and Times.* http://www.iso.org/iso/catalogue_detail?csnumber=40874.

Iverson, Vaughn, Young-Won Song, Rik Van de Walle, Mark Rowe, Doim Chang, Ernesto Santos, and Todd Schwartz. MPEG-21 Digital Item

Declaration WD (v2.0). ISO/IEC (2001). http://xml.coverpages.org/
MPEG21-WG11-N3971-200103.pdf.

J. Paul Getty Trust. Getty vocabularies (accessed February 20, 2015). http://
www.getty.edu/research/tools/vocabularies/index.html.

J. Paul Getty Trust. Getty vocabularies. (accessed February 20, 2015). http://
www.getty.edu/research/tools/vocabularies/.

Karabell, Zachary. Americans' fickle stance on data mining and
surveillance. *Atlantic* (June 14, 2013). http://www.theatlantic.com/
national/archive/2013/06/americans-fickle-stance-on-data-mining-and-
surveillance/276885/.

Katz v. United States, 389 US 347 (Supreme Court 35).

Kessler, Brett, Geoffrey Numberg, and Hinrich Schütze. Automatic detection
of text genre. In *Proceedings of the 35th Annual Meeting of the Association
for Computational Linguistics and Eighth Conference of the European
Chapter of the Association for Computational Linguistics* 32–38. ACL '98.
Stroudsburg, PA: Association for Computational Linguistics (1997).
doi:10.3115/976909.979622.

Kleinberg, Jon, and Steve Lawrence. The structure of the web. *Science* 294 (no.
5548, November 30, 2001): 1849–50. doi:10.1126/science.1067014.

Kreuter, Frauke, ed. *Improving Surveys with Paradata: Analytic Uses of Process
Information*. Hoboken, NJ: Wiley (2013).

Library of Congress. *Data Dictionary for Preservation Metadata: PREMIS
Version 2.2*. (2012). http://www.loc.gov/standards/premis/v2/premis-2-2.
pdf.

Library of Congress. Draft rights declaration schema is ready for review. (July
1, 2011). http://www.loc.gov/standards/mets/news080503.html.

Library of Congress. LC linked data service authorities and vocabularies.
(accessed February 20, 2015). http://www.getty.edu/research/tools/
vocabularies/.

Library of Congress. The Library of Congress linked data service. (accessed

February 20, 2015). http://id.loc.gov/.

Lithwick, Dahlia, and Steve Vladeck. Taking the "Meh" out of metadata: How the government can discover your health problems, political beliefs, and religious practices using just your metadata. *Slate Magazine* (November 22, 2013). http://www.slate.com/articles/news_and_politics/ jurisprudence/2013/11/nsa_and_metadata_how_the_government_can_ spy_on_your_health_political_beliefs.html.

Masinter, Larry, Tim Berners-Lee, and Roy T. Fielding. Uniform resource identifier (URI): Generic syntax (January 2005). https://tools.ietf.org/ html/rfc3986.

Mayer, Jonathan, and Patrick Mutchler. MetaPhone: The sensitivity of telephone metadata. *Web Policy* (2013). http://webpolicy.org/2014/03/12/ metaphone-the-sensitivity-of-telephone-metadata/.

McIlvain, Eileen. STEM exchange and paradata concepts. University Corporation for Atmospheric Research (2014). https://wiki.ucar.edu/ display/nsdldocs/STEM+Exchange+and+paradata+concepts.

Milgram, Stanley. The small-world problem. *Psychology Today* 1 (no. 1, May 1967): 61–67.

MLB Advanced Media, LP. Boston Red Sox 2015 Downloadable Schedule. (2015). http://boston.redsox.mlb.com/schedule/downloadable.jsp?c_ id=bos&year =2015.

Mutchler, Patrick, and Jonathan Mayer. MetaPhone: The sensitivity of telephone metadata. *Web Policy* (March 12, 2014). http://webpolicy. org/2014/03/12/metaphone-the-sensitivity-of-telephone-metadata/.

New York Times Company. Linked open data. (accessed February 20, 2015). http://data.nytimes.com/

Olsen, Stefanie. Web browser offers incognito surfing—CNET News. CNET (October 18, 2000). http://news.cnet.com/2100-1017-247263.html.

ORCID, Inc. ORCID (accessed February 20, 2015). http://www.getty.edu/ research/tools/vocabularies/.

Pandora Media, Inc. About the Music Genome Project (accessed February 20, 2015). http://www.pandora.com/about/mgp.

Parsia, Bijan. "A Simple, Prima Facie Argument in Favor of the Semantic Web." Monkeyfist.com, May 9, 2008. https://web.archive.org/web/20080509164720/

http://monkeyfist.com/articles/815.

Powell, Andy, Mikael Nilsson, Ambjörn Naeve, Pete Johnston, and Thomas Baker. DCMI Abstract Model. Dublin Core Metadata Initiative (2007). http://dublincore.org/documents/abstract-model/.

Raggett, Dave, Arnaud Le Hors, and Ian Jacobs. HTML 4.01 specification. W3C (December 24, 1999). http://www.w3.org/TR/html401/.

Risen, James, and Laura Poitras. N.S.A. gathers data on social connections of U.S. citizens. *New York Times* (September 28, 2013), sec. US. http://www.nytimes.com/2013/09/29/us/nsa-examines-social-networks-of-us-citizens.html.

Rogers, Everett M. *Diffusion of Innovations*, 5th ed. New York: Free Press (2003).

Rosen, Jeffrey. Total information awareness. *New York Times* (December 15, 2002), sec. Magazine. http://www.nytimes.com/2002/12/15/magazine/15TOTA.html.

Rusbridger, Alan, and Ewen MacAskill. Edward Snowden interview: The edited transcript. *The Guardian* (accessed January 27, 2015). http://www.theguardian.com/world/2014/jul/18/-sp-edward-snowden-nsa-whistleblower-interview-transcript.

Schmitt, Thomas, and Rocky Bernstein. CD text format (2012). http://www.gnu.org/software/libcdio/cd-text-format.html.

Smith v. Maryland, 442 US 735 (Supreme Court 1979).

Tanenbaum, Andrew S., and David J. Wetherall. *Computer Networks*, 5th ed. (2010) Boston: Prentice Hall.

The Open Graph protocol (accessed February 20, 2015). http://ogp.me/

University Corporation for Atmospheric Research. *ISKME to manage National Science Digital Library*. (December 16, 2014). https://www2.ucar.edu/atmosnews/news/13512/iskme-manage-national-science-digital-library.

Van Hooland, Seth, and Ruben Verborgh. Linked data for libraries, archives and museums: How to clean, link and publish your metadata. Chicago: American Library Association (2014).

W.S. *A Funeral Elegy for Master William Peter*, ed. by Donald W. Foster from W.S., *A Funerall Elegye in memory of the late vertuous Maister William Peeter*. London: G. Eld for T. Thorpe (1612).

W3C. Date and time formats (accessed February 20, 2015). http://www.w3.org/TR/NOTE-datetime.

W3C. HTML (accessed February 20, 2015). http://www.w3.org/html/.

Weibel, Stuart, Jean Godby, Eric Miller, and Ron Daniel. OCLC/NCSA Metadata Workshop Report. Dublin Core Metadata Initiative (nd). http://dublincore.org/workshops/dc1/report.shtml.

Weinberger, David. *Small Pieces Loosely Joined: A Unified Theory of the Web*. New York: Basic Books (reprinted 2003).

Witty, Francis J. The pínakes of Callimachus. *Library Quarterly* 28 (April 1, 1958): 132–36.

譯名對照

Marshall McLuhan　麥克魯漢
Herman Melville　赫曼・梅爾維爾
Moby Dick　《白鯨記》
resource discovery　資源探索
descriptive metadata　描述性後設資料
administrative metadata　管理性後設資料
structural metadata　結構性後設資料
preservation metadata　典藏性後設資料
use metadata　使用性後設資料

第二章

T. S. Eliot　艾略特
The Rock　〈磐石〉
Mars Rover　火星探測車
Lushootseed　盧紹錫德語
subject analysis　主題分析
Mount Rainier　雷尼爾山
subject heading　主題標目
resource　資源
subject　主題
predicate　述語
object　物件
schema　綱要
triple　三元組
Dublin Core　都柏林核心集
element　元素
value　值
element-value pair　元素－值配對
signified　所指
signifier　能指

encoding scheme　編碼體系

syntax　語法

string　字符串

International Organization for Standardization　國際標準化組織

Library of Congress Subject Headings　國會圖書館主題標目

controlled vocabulary　控制詞彙

Newspeak　新語

Nineteen Eighty-Four　《一九八四》

subdivision　複分

authority file　權威檔

name authority file　名稱權威檔

LCNAF　國會圖書館名稱權威檔

J. Paul Getty Research Institute　保羅蓋提研究所

CONA　文物名稱權威檔

ULAN　藝術家聯合名錄

VIAF　虛擬國際權威檔

thesaurus　索引典

Thesaurus of Geographic Names®　地理名稱索引典

Roget's Thesaurus　《羅格索引典》

WordNet　字詞網

asymmetric transitive relation　非對稱遞移關聯

graph　圖

node　節點

edge　邊緣

tree topology　樹狀拓樸

World Wide Web　全球資訊網

ontology　本體論

uncontrolled vocabulary　非控制詞彙

Wikipedia　維基百科

One-to-One Principle　一對一原則

第三章

Europeana　歐洲數位圖書館
dbpedia　資料庫百科

第四章

Grace Hopper　葛麗絲・霍普
Exif　可交換圖檔格式
I Know Where Your Cat Lives　「我知道你的貓住哪裡」
Photosynth　「照片合成」
ISO　國際標準組織
digital item　數位項目
DIDL　數位項目宣告語言
container　容器
Item　項目
descriptor　描述符
condition　條件
W3C　全球資訊網協會
Provenance Incubator Group　出處育成小組
WikiScanner　維基掃描器
Pepsi Corporation　百事公司
ExxonMobil　艾克森美孚
WikiWatchdog　維基看門狗
entity　實體
agent　作用者
activity　活動
PREMIS　保存性後設資料實行策略
repository　典藏處
viability　可存續性
renderability　可渲染性
understandability　可了解性
authenticity　真切度

identity　身分識別
event　事件
rights statement　權利聲明
semantic unit　語意單元
CC REL　創用 CC 權利表達語言
Creative Commons　創用 CC
Metadata Encoding and Transmission Standard　後設資料編碼與傳輸標
　　準

第五章

Amazon　亞馬遜
Michael Hayden　麥可‧海登
Johns Hopkins University　約翰霍普金斯大學
Art & Architecture Thesaurus　藝術與建築索引典
Six Degrees of Kevin Bacon　〈凱文‧貝肯的六度分隔〉
Six Degrees of Separation　六度分隔理論
Stanley Milgram　史丹利‧米爾格蘭
small world experiment　小世界實驗
Paul Erd s　保羅‧艾狄胥
Robin Dunbar　羅賓‧鄧巴
Target　塔吉特
data exhaust　資料廢氣
paradata　周邊資料
National Science Digital Library　全國科學數位圖書館
National Science Foundation　國家科學基金會
NASA　美國國家航空暨太空總署
PBS　公共電視台
American Museum of Natural History　美國自然史博物館
dashboard　儀表板

US Code　《美國法典》
Sonia Sotomayor　索尼婭・索托馬約爾

國家圖書館出版品預行編目 (CIP) 資料

Metadata 後設資料：精準搜尋、一找就中，數據就是資
　產！教你活用「描述資料的資料」，加強資訊的連
　結和透通 / 傑福瑞．彭蒙藍茲 (Jeffrey Pomerantz) 著；
　戴至中譯 .
　-- 初版 . -- 臺北市 : 經濟新潮社出版 : 英屬蓋曼群島商
家庭傳媒股份有限公司城邦分公司發行 , 2021.11
　　面；　公分 . -- (經營管理 ; 172)
　譯自 : Metadata
　ISBN 978-626-95077-1-9(平裝)

1. 資訊科學 2. 元資料

312　　　　　　　　　　　　　　　　　　110016268